HORRIBLE SCIENCE
可怕的科学

经典数学系列

代数任我行

the PHANTOM X

〔英〕卡佳坦·波斯基特/原著

〔英〕菲利浦·瑞弗/绘

李建广 张小洪 张 攀/译

北京出版集团公司
北京少年儿童出版社

著作权合同登记号

图字：01－2011－4723

Text © Kjartan Poskitt, 2003

Illustrations © Philip Reeve，2003

© 2012 中文版专有权属北京出版集团公司，未经出版人书面许可，不得翻印或以任何形式和方法使用本书中的任何内容或图片。

图书在版编目（CIP）数据

代数任我行／（英）波斯基特原著；（英）瑞弗绘；李建广，张小洪，张攀译. — 北京：北京少年儿童出版社，2012.1

（可怕的科学. 经典数学系列）

ISBN 978－7－5301－2825－1

Ⅰ．①代… Ⅱ．①波… ②瑞… ③李… ④张… ⑤张… Ⅲ．①代数—少年读物 Ⅳ．①015－49

中国版本图书馆 CIP 数据核字（2011）第 219687 号

可怕的科学·经典数学系列
代数任我行
DAISHU REN WO XING
（英）卡佳坦·波斯基特/原著
（英）菲利浦·瑞弗/绘
李建广　张小洪　张　攀/译

*

北京出版集团公司
北京少年儿童出版社　出版
（北京北三环中路6号）
邮政编码：100120
网　　址：www．bph．com．cn
北京出版集团公司总发行
新　华　书　店　经　销
北京宝昌彩色印刷有限公司印刷

*

787 毫米×1092 毫米　16 开本　10 印张　50 千字
2012 年 1 月第 1 版　2018 年 10 月第 37 次印刷
ISBN 978－7－5301－2825－1
定价：25.00 元
如有印装质量问题，由本社负责调换
质量监督电话：010－58572393

目录

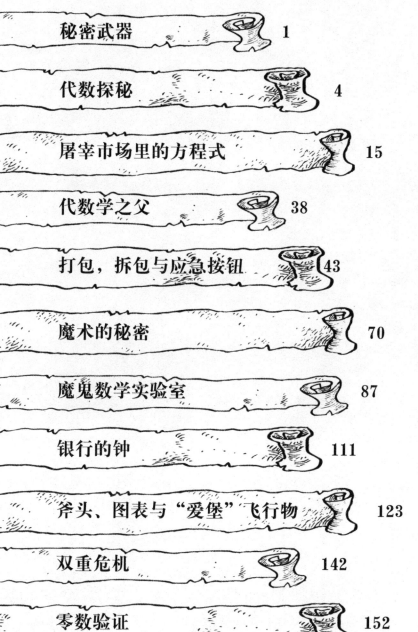

秘密武器

我们之前从未谋面，而且，看完这本书之后，我想我们最好也别再见面了，因为遇到我可是件很危险的事情！事实上，为了安全起见，你最好在开始阅读之前，先确定没有人在偷窥才好。

搞定了吗？好，先让我来介绍一下情况。数学其实是一场持久而激烈的战斗。在这场战斗中，我们常常会遇到一些由不同问题组成的大军，遭到它们的袭击。幸运的是，绝大多数问题都只是一些简单的运算，你通过口算就能把它们解决了。即使面对那些很难的运算，你也可以把那些数字砰砰砰地敲进计算器，然后读出结果。但是，有时候你不得不做一些这样的运算——里面的数字到底是多少，没有人告诉你！这可怎么办？你怎么可能把它们输入计算器呢？面对未知数的时候，你该怎么做？

这是一份关于……幽灵X的工作。

现在，请为你自己高歌一曲来鼓鼓劲吧，啦！啦！啦！

我藏在阴影里，随时准备跳出来去解决那些还未解决的问题，计算那些没有计算出来的数字，解开未解之谜！但是，随着范围的扩大和问题的增加，我可能需要你的帮助。

在继续往下读之前，你确定没有人跟在你后面吗？确定？好，接下来就要介绍我的秘密武器了——代数（学）。

再鼓鼓劲，怎么样？啦！啦！啦！

很多人都会被这些未知数吓得尖叫着逃跑，但我希望你能尽自己所能，和我一起挑战并打败它们。我会陪你一起读完这本书。然后，等读到结尾时，让我看看你是否已经准备好击败代数学中最讨厌的部分——它威胁着要摧毁整个数学组织机构，并且要破坏我们已知的世界。

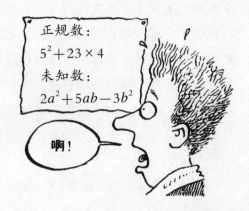

正规数：
$5^2 + 23 \times 4$
未知数：
$2a^2 + 5ab - 3b^2$

啊！

这就是我现在要说的，还有……谢谢你。在未来的一段时间里，我不会独自面对这些未知数了，这真是太好了！

代数探秘

如果一个算式中有一些你不知道的数字，你可以用字母来替代，这就是代数。下面就有个例子：

$$\left(q_1-q_0\right)^{\frac{1}{6}}=p\left(\frac{3\sqrt{y+2z}}{7\Omega-9.47}-8\left(y^2-\Omega\right)^{\frac{2}{5}}\right)+1$$

别害怕！这是一个超级有难度的代数算式，只有邪恶的高拉克们指导它们强大的阿斯勒飞船穿越银河系的时候，才会派上用场。

你可能永远都用不上那样的代数算式。

现在，我们已经对代数有了一定的了解，让我们回到容易理解的东西上来。下面这个怎么样呢？

$$c=16$$

这个看起来要简单得多，但是有一个小问题——它想告诉我们什么呢？代数最关键的地方在于，你必须弄清楚其中的字母代表了什么意思。在这个例子中，字母c代表的是一只健全的毛毛虫腿的数量。

啊哈！如果你知道毛毛虫有16条腿，这将是件多么美好的事

情啊！但是，假如你不知道呢？

（而且说实话，你只是刚好在这里看见了答案才知道的，不是吗？）

我当然知道自己有几条腿！

但是如果你不是一只毛毛虫的话，你就不会知道它到底有几条腿了，所以你只能写下一个"c"。如果你不知道c代表的是什么数字，那么叫它未知数好了。

热点指南！ 为了搞清楚代数到底是如何工作的，我们会在最有用的知识前边标记一个 ✖。

那最没用的知识用什么标记呢？

最没用的知识可以用一只被踩烂的毛毛虫来标记！

✖ 所有的字母和数字不是正数就是负数（当然，0除外）。负数是指比0小的数，它的前面通常会有一个"－"号。负号也是这个数的一部分哦！

假设你有一个算式，例如$12 = 7 + 9 - 4$，其中的-4就是负数。如果你将这个算式移动一下，得到$12 = 7 - 4 + 9$，你会看到"－"号必须和4待在一起，否则这个算式就不能正常工作了。如果负号被粘在天空中那伟大的数学工厂里不能移动，那你就什么事都做不了啦。

一个数字如果不是负数，也不是0，那它就一定是正数。

+9很显然是个正数，但12和7同样也是正数。为了表达得更清楚，人们应当把上面的算式写成：+12 = +7 + 9 - 4，但人们通常不会费心在数学算式的第一个数字前写上"+"号。所以，即使你没看到数字前面的"+"号，它也是存在的，因为它已经粘在天空中那个伟大的数学工厂里了。而且，你仍然拿它没办法。

✖ 当你做两个数的乘法时，一定要确保答案的符号是正确的！如果两个乘数的符号相同，答案就是正数。如果两个乘数的符号不同，答案就是负数。

（+3）×（+2）= +6　符号相同
（+3）×（-2）= -6　符号不同
（-3）×（+2）= -6　符号不同
（-3）×（-2）= +6　符号相同

（两个"-"号相乘就变成了一个"+"号）

字母、数字和突变的毛毛虫

在绝大多数情况下，你可以像使用数字一样使用字母。如果你有5只毛毛虫，它们一共有多少条腿呢？答案是5 × 16条腿。但如果你不知道每只毛毛虫有多少条腿，就可以用5c表示。

哈哈，你把乘号"×"弄丢了！

不，其实没有！你本该写成$5 \times c$，但是因为代数中有大量的乘法运算，所以人们总是嫌麻烦而把字母旁边的乘号省略了，还有一个原因就是"×"看上去有点儿像字母"x"。此外，更多的是因为这样写一点儿都不酷，会遭人嘲笑哦！

顺便说一句，在$5c$中，数字"5"被称为系数。

✗ 检验系数是正还是负很重要！既然数字5的前面没有"−"号，你就可以认定它是正的。如果系数不是5而是更加复杂的表达式，那么认定它是正数就会很有用。

噗！这没有用，根本一点儿用都没有！

哦，真的这样想吗？如果这个没用的话，我们最好用一只踩烂的毛毛虫来标记它……

好吧！这简直是太有用了，如果没有它我真不知道该怎么活下去！满意了吧？

天啊！虽然钟情于《经典数学》的人都是很有耐心的，但是从一只毛毛虫那里也只能得到这些了。或许到了做小实验的时候了。让我们抓只毛毛虫回来，并且把它切割成相等的4部分。

喂！都给我回来！

那么每一部分有多少条腿呢？从数字上来说是16÷4条，或者也可以写成 $\frac{16}{4}$ 条。在代数上很少用除式代表一个数字，所以你也可以写成 $\frac{c}{4}$ 条。顺便问一句，你觉得 $\frac{c}{4}$ 的系数是多少呢？答案是 $\frac{1}{4}$ ，因为 $\frac{c}{4}$ 就是 $\frac{1}{4} \times c$ 。

假设你有6部分像这样被切开了的毛毛虫，每一部分都有 $\frac{c}{4}$ 条腿。当你把这6部分拼接起来后，就组成一只变异了的小昆虫——这个变异体有多少条腿呢？答案是 $6 \times \frac{c}{4}$ 条。和一般的分式运算相同，你可以把分数的分子部分和另一个乘数乘在一起，那么结果就变成了 $\frac{6c}{4}$ 。然后，仍然与一般分式运算相同，你可以约分。也就是说，如果分子和分母都包含有同一个数字，你可以把它消去。在这个例子里，分子和分母都可以消去同一个数字2，那么你就得到了 $\frac{3c}{2}$ 。

为了证明我们的运算方法是正确的，让我们去看看那只变异了的毛毛虫……

既然它的每个部分有4条腿，那你就能算出这个变异体一共有多少条腿了。结果是$6 \times 4 = 24$条。我们也可以通过转换$\frac{3c}{2}$中的字母c，来检验结果是否正确。在前面，我们已经知道c代表每只健全的毛毛虫腿的数量，即16。计算一下，就是$\frac{3 \times 16}{2} = \frac{48}{2} = 24$条，正好是我们期望的结果。

方程式中的未知数

让我们回到那段令人伤心的时光，那时候的你一直想知道一只健全的毛毛虫有多少条腿，但却没有办法得知……

那是一个晚上，你独自一个人，不能看书也不能看电视，因为你全部的心思已经被毛毛虫的腿搅得一团糟。突然，你听到厨房水槽那边传来一声巨大的叫声，走过去一看，竟然是一只毛毛虫在试图爬过一个老旧的捕鼠夹时被截成了两半。其中的一半有7条腿，另一半有9条腿。因此，你可以列个简单的方程式来计算c的值。

$$c=7+9$$

这个方程式里只有一个未知数，即c，它代表的是毛毛虫腿的数量。

> 经典数学先生：
>
> 你好！我已经计算出c的值了！我是不是可以获个奖啊？
>
> 贪婪的潘思小姐

老实说，不行！每个读到这里的人都知道c的值是多少，大家只是假装不知道该怎么来叙述这个方程的解法而已。现在，我们从一个最简单的方程式开始，然而很快方程式就会变得很难解。不相信的话，就请看一下第40页，感觉怎么样？不过也不用着急，因为等我们学到那你就全都明白了。

同时，有一点很重要：

❌ **如果方程式中只有一个未知数，那么我们就能求解。**

对于上述定律无须太费脑筋。如果你面对的是$c = 7 + 9$这样的方程式，完全可以放下心来，你将得到$c = 16$这个解。

突然你有了一个伟大的想法，想要发明一把牙刷，牙刷的毛用潮虫的腿代替猪鬃制成。

现在唯一的问题是，你不知道一只潮虫有多少条腿，所以当你写出所有的秘密计划时，你需要用"w"代表潮虫腿的数量。然后，你发现了一个秘密公式：

$$w = c - 2$$

现在，你的方程式里有两个未知数，这太让人伤心了，你对此无可奈何——直到你往前页瞟了一眼，并且意识到我们曾说过 c 就是毛毛虫腿的数量，这太让人兴奋啦！

既然我们已经知道 $c = 16$ 了，就可以把上面方程式里的 c 换成 16，这样我们便得到 $w = 16 - 2$，也就是 $w = 14$。（是的，这确实是一只潮虫腿的数量，此时我们非常渴望在"经典数学"办公室里亲自数一数。）

ⓧ 小捷径： 既然这个方程式的左边始终保持不变（仅仅是一个 w），我们没必要把 $w = 16 - 2$ 和 $w = 14$ 分开来写。为了节省时间，我们可以这样写：$w = 16 - 2 = 14$。

当你把几个字母相乘时，只要将它们放在一起就行了。假设有一只巨大的怪物潮虫，它的每条腿都抓了一只毛毛虫。那么，它一共有多少条毛毛虫的腿呢？

一只潮虫有w条腿，每条腿都抓了一只有c条腿的毛毛虫。所以，它抓住的所有毛毛虫腿的总数就是$w \times c = wc$。

假设有4只巨型怪物潮虫，并且每只怪物潮虫的每条腿可以分别抓住3只毛毛虫，那么它们抓住的所有毛毛虫腿的数量就是$4w \times 3c$，即为$12wc$。注意！你可以将数字相乘，并且把字母挨着放在后面。

现在，仍假设有4只巨型怪物潮虫，每只潮虫的每条腿都抓了3只毛毛虫。这时，一辆割草机开过来，把这些巨型潮虫碾成了一团，之后要把这一团平分成绝对相等的48份。

那么，每一份有多少条毛毛虫的腿呢？结果是$\frac{12wc}{48}$。你可以对它进行约分，分子分母同时除以12，然后变成$\frac{wc}{4}$。

我们已经知道w和c等于多少，因此就能确切地算出这个算式的值，结果是$\frac{16 \times 14}{4} = 16 \times 14 \div 4 = 56$。但不要轻易相信我们的话，出去抓几只怪物潮虫，再抓一些毛毛虫，并且准备一个割草机吧……

当你完成了《经典数学》中的几个实验后，会发现即使是最令人讨厌的科学也变得容易了。

　　不知你意识到没有，本章中出现的"*c*"只代表毛毛虫腿的数量。事实上，当你在其他时间遇到"*c*"时，它可能代表与此完全不同的东西，比如奶酪的价格、光的速度。并且下次你遇到"*w*"时，它也可能代表一只变异蝴蝶翅膀的数量，所以要让你的大脑一直处于高度警觉的状态……

屠宰市场里的方程式

让我们加入格里赛尔达的恐怖帮，在屠宰市场开始一次典型的购物之旅吧。格里赛尔达想买一张弓，并且要配一个合适的箭袋。她不知道每部分的花费是多少，却仍想知道如何计算出全部的开销。我们可以这样解释：

> **格里赛尔达全部的消费等于弓的价格加上箭袋的价格。**

这个说法实在有点儿冗长。于是，我们决定用"G"代表格里赛尔达的总花费，用"b"代表弓的价格，用"q"代表箭袋的价格。这样一来，我们就能写出一个非常简单干脆的方程式：

$$G=b+q$$

格里赛尔达根本不知道弓和箭袋的价格，也就不知道总花费是多少。她那小小的方程式中有3个未知数，也就意味着它无解。

所以它是没用的！嘎嘎嘎！

冷静点儿！虽然到目前为止，我们对这个方程式还做不了什么，可一旦知道了b和q的值，它就能明确地告诉我们如何通过计算得出总花费了。先让我们看看摆在橱窗里的标签吧！

5便士
（不包括箭）

14便士

啊哈！这告诉我们可以把方程中的b换成14，q换成5，然后我们得到：

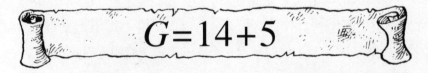

$$G=14+5$$

现在我们只剩下一个未知数了，这太让人兴奋了，因为我们可以计算出结果了：$G=19$。

就在格里赛尔达把19便士递过去的时候，细心的孟古迪突然出现了，他发现了格里赛尔达的疏忽。

嘿嘿！她忘记买箭了！

屠宰市场

孟古迪买了十几支箭和一个箭袋，但所有的箭都落在了商店里，一共有15支。那么孟古迪一共花了多少钱呢？我们用"M"代表他所有的花费，用"a"代表每支箭的价格。下面是方程式：

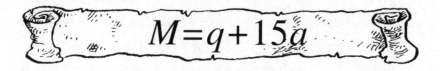

$$M = q + 15a$$

"q"仍然代表一个箭袋的价格，即5便士，但我们并不知道孟古迪的总花费，除非我们知道"a"的值。

嗖……

2便士

现在，我们把"q"换成5，把"a"换成2，代入方程式，得到：

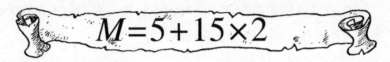

$$M = 5 + 15 \times 2$$

你会看到这里有两种运算——一种是加法运算，一种是乘法运算。

❌ **永远要先做乘除法，再做加减法。**

于是，我们得到 $M = 5 + 30 = 35$。

（如果店主在计算 15×2 之前先计算 $5 + 15$，那么他会得到 $M = 20 \times 2 = 40$，孟古迪将会发现他比本该付的钱多付了5便士，让野蛮人多付钱可不是个好主意。）

括号的妙用

与此同时，在商店的后面，坎索船长正在为他那些英勇的导航战士们购买伪装内衣。（要找到伪装部队对他来说可是件困难的事，因为他们已经伪装起来了，装扮成了一辆冰淇淋售卖车。）

每位勇士都需要1件背心，2条短裤和4只袜子（本商店出售单只袜子，专为有奇数条腿的你而准备）。如果每样东西的价格分别用 v、p、s 来表示，那么每个人装备的总花费"E"就是：$E = v + 2p + 4s$。

坎索船长手下共有13位勇士，13套装备总共需要花费多少钱呢？这太简单了，答案是$13E$，也就是13个$v+2p+4s$，我们可以加上括号来表达：

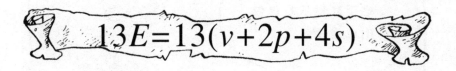

$$13E=13(v+2p+4s)$$

把一些事物放进括号里，它们就被看做一个整体了。你不能把其中的任何一项单独挪到括号外而留下其他项。紧靠着括号前边的数字是系数，这里的系数是13。

去掉括号

❌如果要去除括号，需要将括号里的每一项都与系数相乘。（这一般叫做乘出。）

嘿！要非常注意这个不显眼的系数！

如果你得到（$p+4m$）这个式子，那系数就是$+1$，我们也可以把它写成$+1$（$p+4m$）。当然，与$+1$相乘不影响原数的大小，我们往往不把它写出来，这样显得很麻烦。但$-$（$3g+2j$）的系数又是多少呢？这里系数是-1，所以当你把括号里的每一项乘出来后，就得到（$-1\times3g$）$+$（$-1\times2j$），进一步得到$-3g-2j$。

以13（$v+2p+4s$）为例，如果去除括号，你要用+13分别与 v、$2p$、$4s$相乘。

不行，因为那样你会得到$13E = 13v + 2p + 4s$。这就好比说，坎索船长的13位勇士总共只需要13件背心，2条短裤和4只袜子。这样他们会觉得有点儿冷吧？

就像我们刚刚说过的那样，你必须把括号里的每一项与外边的数字相乘，最终得到$13E = 13$（$v+2p+4s$）$= 13v + 26p + 52s$。

所以，船长一共需要13件背心，26条短裤，52只袜子。

现在，让我们看看这些装备的价格：

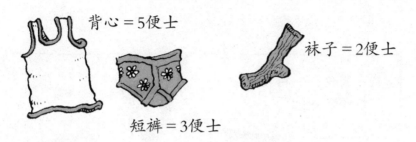

背心＝5便士

短裤＝3便士

袜子＝2便士

现在，我们知道，$v=5$，$p=3$，$s=2$。

当你把字母换成价格时，得到$13E = 13 \times 5 + 26 \times 3 + 52 \times 2$。别忘了，一定要先算乘除法再算加减法！这样，我们得到$13E = 65 + 78 + 104 = 247$便士，13位勇士的衣物一共需要247便士。

顺便说一句，如果你知道这些字母的值是多少，就还有另外一种去除括号的方法。现在我们已经知道v、p、s的值了，可以先把数字代入括号里，这样（$v+2p+4s$）就变为（$5+2\times3+4\times2$），然后继续计算得到最后的结果。你能从中看出，方程式是怎样一点点变化的……

把括号里的字母都换成数字得到：$13E = 13$（$5+2\times3+4\times2$）；

在括号里做乘法运算得到：$13E = 13$（$5+6+8$）；

在括号里做加法运算得到：$13E = 13$（19）。

请一定牢记前面讲过的热点指南：为了去除括号，你要把括号外的数字与括号内的每一项相乘。既然括号内只有一个19，我们便可以直接去掉括号完成最后的运算：$13E = 13 \times 19 = 247$。

不管你用什么方法，用来伪装的衣物的总花费都是247便士。

船长付过衣服的钱后，还剩160便士，所以他决定再为每位勇士买顶新的帽子。让我们用"h"表示每顶帽子的价格，13顶帽子

将花费13h。现在的问题是，当船长花掉这些钱后还剩多少钱？如果用C代表他买完帽子以后剩下的钱，那么方程式就是C = 160 − 13h。

但对于船长来说，有个好消息……

帽子特价——每顶帽子比标价便宜3便士。

既然每顶帽子都便宜了3便士，那么，每顶帽子的价格就变成了（h − 3）。所以，13顶帽子的总花费就是13（h − 3）。这时，C = 160 − 13（h − 3）。

在我们看帽子的标价之前，先看看如果去除括号会怎么样。首先，我们要弄清楚括号的系数是多少，在这里，它是 − 13，即负13。

❌ 记住负号也是系数的一部分！（它也是固定在天空中那伟大的数学工厂里的一部分……）

所以，当我们去除括号的时候，要用 − 13与括号里的每一项相乘。

第一项非常简单，它就是 − 13 × h = − 13h。第二项是两个负数相乘，这就意味着你会得到一个正数，（− 13）×（− 3） = + 39。让我们把所有部分都放在一起，便得到：C = 160 − 13（h − 3） = 160 − 13h + 39。

我们可以把数字连同它们的符号一起移动，从而得到：$C = 160 + 39 - 13h = 199 - 13h$。

现在，需要我们做的只剩下查看帽子上标出的价格了。

你也许会觉得有点儿奇怪，为什么去除括号之后，里面的负数居然变成了正数。让我们用其他方法检验一下答案。帽子的标价是15便士，同时每顶帽子都便宜了3便士，因此船长在每顶帽子上花了 $15 - 3 = 12$ 便士。他一共买了13顶帽子，所以总共花掉了 $13 \times 12 = 156$ 便士。从160便士里扣除这些钱后，他将剩下4便士的钱。完全正确！

除此之外，还有一件事情困扰着坎索船长……

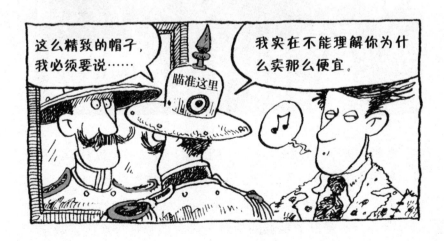

赛格的调查

其间，斧头帮的俄甘姆着实让大家恐慌了一阵，因为他一直在翻检加农炮的零件。幸运的是，这个野蛮购物的消息传到了拉普拉斯王妃耳中，她特意派数学魔法师赛格去调查俄甘姆的购物清单。赛格藏身在陈列的长矛后面，迅速地记下了一个方程式。

赛格的方程式告诉我们如何求出U的值，U就是俄甘姆的总花费。其他几个字母所代表的意思分别为：c是加农炮的价格，x是俄甘姆买加农炮的数量，g是强力炮弹的价格，y是炮弹的数量。

幸亏赛格获得了足够的信息，将大多数字母换成了数字：$U = 104$，$c = 28$，$x = 2$，$g = 3$。方程式从而变为：$104 = 2 \times 28 +$

$y×3$。切记，永远要先做乘法再做加法，所以你最终将得到：$104 = 56 + 3y$。

　　y就是俄甘姆所买炮弹的数量。现在，这个方程式里只剩下y一个未知数了，赛格肯定能得到答案。他需要做的是对方程式进行移项，让y自己在等号的一边，让其他所有项在等号的另一边，这样我们就能知道y等于多少了。

　　（顺便说一句，一项就是方程的一个部分，比如$+104$、$+56$、$+3y$。）

让我们看看赛格是怎么算出y的。

$104 = 56 + 3y$ 这是赛格要解的方程。

$56 + 3y = 104$ 他使用了规则1，把含有y的那一边移到了等号的左边。

$3y + 56 = 104$ 利用规则2，他把含有y的项放到了最前边。

$3y + 56 - 56 = 104 - 56$ 啊哈！这步很聪明。赛格想把等号左边的"$+56$"去掉，所以他利用了规则3，在方程式两边都放了"-56"。

我很快会向你展示一种跳过这一步的方法！

$3y = 104 - 56$ 太棒了！在等号的左边有$+56$和-56，且$+56 - 56 = 0$。换句话说也就是它们互相抵消了，所以赛格把这两项都去掉了……

$3y = 48$ ……之后赛格只需计算$104 - 56$，得到48，简单！

$3y \div 3 = 48 \div 3$ 赛格想把$3y$变成y，所以他要除以3，但规则3要求他必须对等号两边做同样的处理。

你也可以省略这一步骤。

$y = 48 \div 3$ $3y \div 3$得到y……

$y = 16$ 得到最终结果！

现在，赛格可以告诉王妃她想知道的事情了。

商店很快就要关门了，我们将会看到一些解方程的捷径。

移 项

赛格解方程的过程中有这么一步，他把 $3y + 56 = 104$ 换成了 $3y = 104 - 56$。为了得到这一步，他在方程的两边都放了 "–56"，这样 +56 和 –56 就可以消去了。当然，要是你对于自己要做的计算很有信心，也可以省掉这一步。如果你想把某一项（比如 "+56"）从等号的一边移到另一边，你需要做的只是变换符号。

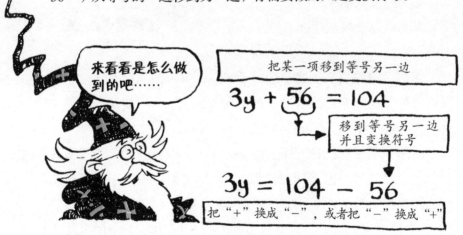

现在我们将用另一种方法来展示，以简单的数字为例，检验运算是否正确。

27

我们从这个算式开始：

你可以把"＋1"移项并且变换符号，
因此得到：

或者，如果你愿意，还可以把3移项，
因此得到：

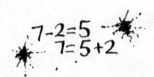

$$3+1=4$$
$$3=4-1$$
$$1=4-3$$

（注意，这里的"3"是个正数，尽管＋号并没有明确标示出来，可当它移到等号的另一边时，它还是变成了负数。）

当你移动负数项时，它们将变成正数。

如果以这个算式开始：
它将变成：

$$7-2=5$$
$$7=5+2$$

你甚至可以移动任何一项到等号的另一边！

看这个等式：
它可以变成这样：
甚至可以变成这样：

$$8-6=2$$
$$8-6-2=0$$
$$0=2+6-8$$

当然，这些规则也完全适用于字母，唯一的问题是，你不能像使用数字那样来检验结果是否正确。所以，一定要保证变换正确！$a+b=c$可以变成$a=c-b$或$a+b-c=0$。

回想一下，赛格是怎样把$3y=48$变成$y=48÷3$的？为了得到这一步，他在等号两边同时除以3，但其实如果你对于自己要做什么很清楚，就没必要多此一举了。赛格移动了y的系数，也就是3。如果把$3y$想象成$y×3$，那么当你把"×3"移到等号的另一边的时候，你需要做的仅仅是变换一下符号，把×号变为÷号。

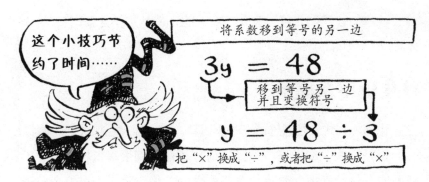

这个小技巧节约了时间……

将系数移到等号的另一边

$$3y = 48$$

移到等号另一边并且变换符号

$$y = 48 \div 3$$

把"×"换成"÷"，或者把"÷"换成"×"

除号也可以变成乘号，如果赛格有个方程式：$\frac{m}{5} = 12$，它可以变为 $m = 12 \times 5$。

当然，这些规则仍然可以用于字母。对于 $ab = cd$ 这个方程式，你可以把它变换为 $\frac{ab}{c} = d$。

但是一定要小心！假设你想把字母都换到同一边，看看将会发生什么……

我们从这个方程式开始： $ab = cd$

两边同除以 cd： $\dfrac{ab}{cd} = \dfrac{cd}{cd}$

我们知道，任何数除以它本身都是1，所以你得到： $\dfrac{ab}{cd} = 1$

不是0！

当然，如果你真想让0出现……

$$\frac{ab}{cd} - 1 = 0$$

哇噻！让我们先停一会儿，看看能不能从数学里抽出1分钟来休息。

让生活尽量简单

化简方程式就是通过做一些小运算，使方程式看起来更简单。

但是，在我们做更多运算之前，还是先到屠宰市场呼吸一下新鲜的乡村空气吧。啊哈，这儿可真好。你深吸了一口气……哦啊，噗！

我们似乎来到了一个饲养场，这里有4只绵羊，5头牛，还有1个粪堆。如果跑出去3只绵羊，又进来2头牛，粪堆还留在那儿，那么饲养场里还剩下些什么？这并不难计算，饲养场里将剩下1只羊，7头牛和1个粪堆。

现在，让我们用代数的方法来算算。开始我们有$4s + 5c + d$，之后我们失去了$3s$，获得了$2c$，事情看起来应该这样描述：$4s + 5c + d - 3s + 2c$。你会发现，其中的某些项有着相同的字母（比如$4s$和$-3s$），它们叫做同类项。如果你把同类项放在一起，就能让

事情变得简单。（记住要连同它们的符号一起移动！负号必须跟 $3s$ 放在一起。）你将得到：$4s - 3s + 5c + 2c + d$。

当你化简算式的时候，只需对同类项做加减法，所以 $4s - 3s$ 变为 $1s$。但没人会不厌其烦地加上1，因此只需写 s 即可。$5c + 2c$ 变为 $7c$。没有别的粪堆加进来，所以它仍然是那么多，那么最终的结果是：$s + 7c + d$。

你不能做的是：对非同类项进行加减操作。假设你的饲养场只有8头猪和1个粪堆，你不能带走4只鸡，因为那根本没有。如果这件事情用代数式表示，将是 $8p - 4c + d$（这里的 c 代表鸡）。对此，除了试图阻止猪往粪堆里钻并且意外地把并不存在的鸡压扁，你什么也做不了。

等等，这是什么？它似乎是另外一个迷了路闯进饲养场的小粪堆……

就这样，糊里糊涂的胡津没穿衣服就溜进了屠宰市场。他是个忧心忡忡的男人……唉，他当然有理由担忧了。

　　他那用牦牛皮做的小帐篷倒在了路口，这条路恰恰通向另一个野蛮部落的洞穴。他很想把帐篷挪开，但不幸的是他没有那么大的力气把木桩拔出来。这时候，俄甘姆、孟古迪和格里赛尔达都已经准备好了武器，他们随时都可能爆发一场小规模的战斗。这样一来，可怜的胡津夹在中间就要倒霉了。当然，他还可以靠坎索船长来保卫和平……

　　……但也许不可能。胡津匆忙赶到膏药、药丸、药剂部，打算花掉所有的钱。尽管这里并没有尖利的和有爆炸性的武器，可它仍然是屠宰市场里最叫人胆寒的地方。就在胡津等待健康女巫

出现的时候，他忍不住往写有"我能预言你的命运"的机器里投了2便士钱币。

最后，健康女巫出现了。她调好了一剂药——魔力创伤胶，听起来对胡津是必不可少的。它的价格同样很有趣。

因为他已经花了2便士了，因此只买得起一管魔力创伤胶。但他想用所有剩下的钱买6管荨麻叶药膏，每管药膏比魔力创伤胶便宜17便士。

这真是令人惊奇，因为我们能计算出来。让我们用H表示胡津最开始的钱数。

首先，我们要列个表达式来表达魔力创伤胶的花费（表达式就是由数字和字母通过各种运算而联结在一起，能描述事情的式子）。一管魔力创伤胶要花费胡津带进商店里的钱的一半，我们可以把它描述为$\frac{H}{2}$。

每管荨麻叶药膏比魔力创伤胶便宜17便士，我们可以另外列一个表达式来表示荨麻叶药膏的价格：$(\frac{H}{2}-17)$。你一定已经注意到，我们给式子加了个括号来表明它们是一个整体。用这种方法，我们可以很快说出6管荨麻叶药膏的花费为$6(\frac{H}{2}-17)$。

所以胡津买了他的魔力创伤胶和6管荨麻叶药膏后，总花费是：

$$\frac{H}{2} + 6(\frac{H}{2}-17)$$

但是，当他来到柜台前时一共有多少钱呢？我们知道，他带着H便士走进了商店，但一开始就放了2便士到机器里！所以，他来到柜台时一共有$(H-2)$便士，这就是他付给健康女巫的钱。于是，最后的方程式是：

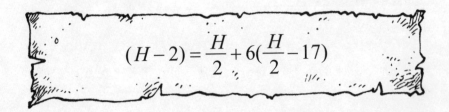

$$(H-2) = \frac{H}{2} + 6(\frac{H}{2}-17)$$

虽然它看起来很复杂，但既然方程式里只有一个未知数，我们就可以算出胡津开始的钱数。窍门是要按照下面这个正确的顺序完成计算。

▶ 化简括号里的每一项；

▶ 去除括号，用每一项乘括号外的数；

▶ 把同类项放在一起（同时，尽量把所有未知数放在等号左侧）；

▶ 把你能化简的都化简；

▶ 想尽一切办法使左边只留下"H"本身。

$$(H-2)=\frac{H}{2}+6(\frac{H}{2}-17)$$

这是开始的式子。先看看括号内能否化简。很不幸，并不能。之后，我们把括号外的数乘进去。（$H-2$）没有标记出系数，所以我们可以认为它的系数是 $+1$，这意味着我们直接去掉括号就可以了。另外一个括号有个系数 $+6$，所以我们用 $+6$ 与 $\frac{H}{2}$ 和 -7 分别相乘。

$$H-2=\frac{H}{2}+\frac{6H}{2}-102$$

这看起来一团糟，但我们可以把所有含有"H"的项都移到等号的一边，将剩下的其他数字项移到等号的另一边。

记住，任意一项移到等号的另一边都要改变其符号！

$$H - \frac{H}{2} - \frac{6H}{2} = -102 + 2$$

$$2 \times H - 2 \times \frac{H}{2} - 2 \times \frac{6H}{2} = (-102) \times 2 + 2 \times 2$$

$$2H - H - 6H = -204 + 4$$

$$-5H = -200$$

$$5H = 200$$

H下边的2看起来让人很不爽，所以我们在等号两边对每一项都乘2，把它们去掉。

这是个很灵巧的变化。注意看每个分数，会发现上边和下边都有一个2，因此这些2可以消去，生活瞬间变得好简单！

哈，没有分数了！现在我们可以合并同类项了。

这个看起来已经不错了，只是对于符号还留有些许遗憾，但我们可以在两边都乘 -1。

哦，真是的，这好多了！最后，我们在等号两边同时除以5，得到：H = 40。

所以胡津开始时有40便士。

上面这些步骤让人感觉很烦琐，其实不然，这么做的目的只是为了让你看得更明白，才带着你一小步一小步地进行运算。如果你想知道更多的信息，你还可以算出魔力创伤胶的价格是20便士，每管荨麻叶药膏的价格是3便士。至此，你已经完成了漫长艰难的一章，让我们休息一会儿吧。

代数学之父

你居然读完了前面那么多的内容，干得漂亮！之前，我们主要讲了些代数学的基础知识，正常人学习这些知识需要花费很多年的时间，而你却只用了37页。接下来，让我们再用几分钟的时间去认识一个人——一个被认为是我们今天所熟知的代数学的发明者。

时间回溯到古希腊，当时的人们很喜欢玩一些智力测验，比如"你是否能找到一个数，它的立方加1正好等于另一个数的平方"。光理解这个题目就够难的了，更别说费尽心思寻找答案了。幸运的是，如果你把这道题目写成：$p^3 + 1 = q^2$，看起来就清楚多了。

你所要做的只是从全部数字中找到p和q的值。即使你解决不了这个问题，方程式中的字母和符号也能很明确地表示出你需要做的是什么。

在数学问题中使用字母和其他字符的方法，是丢番图发明的。他是一名古希腊的数学家，住在埃及的亚历山德里亚。关于丢番图，还有件有趣的事情。那就是，尽管我们对他生活的具体时间不确定（那是公元200年—公元300年的一段时间），但我们却确切地知道他活了多长时间。

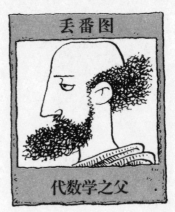

丢番图

代数学之父

经典数学系列
代数任我行

答案

所有数字中唯一可行的解是$p=2$，$q=3$。

丢番图的一位粉丝曾经用这样一个智力测验来描述丢番图的一生，希腊人应该会对此很欣赏。

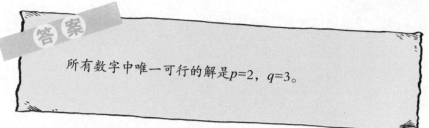

丢番图的青年时代占据了他一生的$\frac{1}{6}$，又过了他生命的$\frac{1}{12}$后，他留起了胡子。然后，又过了这辈子的$\frac{1}{7}$的时光，他结婚了。5年之后，他有了一个儿子。他的儿子刚好活了父亲寿命的一半时间。丢番图在儿子死后4年也逝世了。

那么，这些告诉了我们什么呢？

如果你想结婚的话，就留胡子吧！

啊！

啊……不是这样的。这个智力测验实际上告诉了我们丢番图活了多少时间。要解决这个问题，唯一的办法就是将所有信息都转化成一个等式。

假设，丢番图活着的年数是D。

他的青年时代是他一生的$\frac{1}{6}$，所以我们可以写作：$\frac{D}{6}$。

在留胡子之前，还有$\frac{1}{12}$的时间，所以写作：$\frac{D}{12}$。

在他结婚之前，又有$\frac{1}{7}$的时间：$\frac{D}{7}$。

到他儿子出生，又过了5年：5。

这个儿子活了他父亲寿命的一半：$\frac{D}{2}$。

在最后，又过了4年的时间：4。

如果你把所有这几部分加起来，就能知道丢番图到底活了多大年纪，也就是我们一直所说的D。所以，我们可以把它写成下面这个等式。

$$\frac{D}{6} + \frac{D}{12} + \frac{D}{7} + 5 + \frac{D}{2} + 4 = D$$

看看所有这些数字的分母，真酷呀！

如果你已经读过《绝望的分数》，那你一定会急不可待地计算出6、12、7和2的最小公倍数，然后用等式中的每一项去乘它。假如你没有读过《绝望的分数》，也不用着急。你需要做的只是端正态度，耐心地计算，勇往直前。

对于这样一个等式，可以先从分母中找到最大的数字，然后用等式中的每一项都乘这个数。显然，分母中最大的数字是12，所以每一项都乘12，我们得到：

$$2D + D + \frac{12D}{7} + 60 + 6D + 48 = 12D$$

情况不是太坏，因为很多项都约分过了（例如，第一项变成$\frac{12 \times D}{6}$，经过约分得到$2D$），但是其中还留有一个相当难看的分式$\frac{12D}{7}$。接下来，只需把每一项都乘7，就可以摆脱它啦。但是为了节省更多的精力，我们首先需要把问题变得简单些。如果我们将等号左边的内容整理一下，就可以得到：

$$2D + D + 6D + \frac{12D}{7} + 60 + 48 = 12D$$

$$9D + \frac{12D}{7} + 108 = 12D$$

然后，我们把含有D的项都移到等号的同一边：

$$108 = 12D - 9D - \frac{12D}{7}$$

然后，它变成：

$$108 = 3D - \frac{12D}{7}$$

现在，我们只剩下了3项。为了摆脱分式，我们把每一项都乘7。

$$756 = 21D - 12D$$

接下来，我们将得到……

$$756 = 9D$$

把两边交换位置，并且同时都除以9，我们得到：$D = 84$。

哈哈！

所以，丢番图一共活了84年。对那个时候的人来说，这可真是很长寿了。谁能想到，代数学还有这种神奇的功效呢？

一个"昂贵"的错误

当你对等式两边进行相同的运算时，千万要三思而后行。比如说，1英镑等于100便士，你可以写成£1 = 100p。如果你对等式两边做平方，会发生什么呢？你会得到（£1）² = （100p）²，结果£1 = 10000p。很显然，10000p = £100而不是£1。究竟是哪里出错了呢？

这条规则可以有效避免前面发生的"昂贵"的错误。如果你正在做有关金钱的方程式，千万不要在等号的一边用英镑做单位，在另一边用便士做单位哦。

代数学的名称由何而来

在丢番图活了84年之后，又过了很久，阿拉伯世界的代数学得到了很大的进步。在那里，代数学被叫做"移项和集项的科学"。大约1200年以前，有一个很聪明的数学家和天文学家将代数学往前推进了一大步。他第一次把方程式、字母和符号叫做"恢复平衡"，也就是阿拉伯语的"还原"的意思。所以现在你明白了吧！

顺便提一句，香蕉来自阿拉伯语的"*banan*"，原意代表手指。老实说，我们这本书里的知识还真是包罗万象，不是吗？

打包，拆包与应急按钮

　　迷雾庄园正沉浸在一片欢乐和激动之中，因为此时，庄园的精英们终于可以和没完没了、枯燥乏味的公园派对、歌剧之夜、电影首映及马球比赛正式决裂啦，一年只此一次！终于，他们可以把自己送到海边待几天，在海上棕池的奢华和壮丽中纵情享乐。

　　让我们来看看享乐宝贝都往她的行李里装了些什么。

有些时候，打包是如此的简单，就像数学一样简单。看下面这些分散的项。

$$6p^2 - 8p + 12dp$$

让我们一起先对它进行因式分解，也就是说把所有项尽可能整洁地打包放进括号里面。其中的诀窍就是找到一个数，所有项都可以被它整除（公因式）。这里我们发现每一项都可以被2整除，这个步骤是如此诱人，让我们绝对无法抗拒。如果我们把每一项都除以2，再把除后的结果放在一对括号里面，把2放在括号外面，就能得到：$2\left(3p^2 - 4p + 6dp\right)$。

看看括号里面的项，你会发现，它们至少都还有一个共同的 p。所以，我们一起再把它整理一下，得到：$2p\left(3p - 4 + 6d\right)$。

再也没有其他东西可以被括号里所有的项整除，情况只能如此了。很显然，展开（换句话说就是拆除）这对括号很容易，只要把括号里面的每一项都乘括号外面的2p就行了。

$$2p\left(3p - 4 + 6d\right) = 2p \times 3p - 2p \times 4 + 2p \times 6d$$
$$= 6p^2 - 8p + 12dp$$

旅行的时候如果只带一只箱子，打包和拆包都一样简单；一个算式中如果只带有一对括号，合并和拆分也一样简单。除非你在快离开的时候，添置了一些新东西，这样一来，打包会变得难以对付。

如果你需要处理两只手提箱，事情会变得完全不同了，不过拆包仍然相当简单。当公爵夫人和上校抵达客房时，我们会看到下面这一幕。

去掉两对括号也很容易，看看这个式子：$(f+2)(f+5)$。

它貌似并不简洁。像这样，互相相邻的两对括号意味着你不得不把它们都乘起来，所以你需要算出 $(f+2) \times (f+5)$ 的结果。必须确保要将第一对括号里面的每一项都乘第二对括号里的每一项。下面是做这件事最安全的方法。

▶ 把第一对括号去掉，你会得到"f"和"$+2$"，然后你用第二对括号分别乘它们，然后得到：$f(f+5)+2(f+5)$。

▶ 再把上面式子中的括号去掉，让它们相乘，得到：$f^2+5f+2f+10$。

▶ 接着，简化其中的同类项。在这里，同类项是 $+5f$ 和 $+2f$，所以我们把它们加起来，最后得到 $f^2+7f+10$。

这样做没什么太大的问题，但是当你把所有这些东西重新打包的时候，有趣的事情发生了。你可以尝试看是否能找到一个数，$f^2+7f+10$ 中的3项都能够被它整除，但是你可能没有这么幸运。你能得到的最好的结果仅仅是 $f(f+7)+10$，这个结果实在有些令人沮丧。如果需要将这些项全部"收拾"到括号中，你就需要两对括号。这么一来，我们将面对两只手提箱的问题……

这是您的，这是您的，这是您的……

喊，这些，我想是您的。

整理了一番之后……

太好了！

疯了！我的东西根本不可能全部放回去。

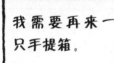

我需要再来一只手提箱。

对不起，女士。我们已经没有地方放更多的手提箱了。

打包两只手提箱最难的地方在于如何准确地分类整理，决定哪些东西放在哪只手提箱里面。奇怪的是，把算式中的某些项收拾到两对括号中时，也遇到了相同的问题。

二次多项式

二次多项式很特别，当你想把它"打包"时，总是需要两对括号。它包括3项：一个二次项，一个一次项（或中间项）和一个常数项。我们的式子 $f^2 + 7f + 10$ 就是一个二次多项式。我们需要对它进行检查以获得一些线索，从而知道接下来该怎么做。

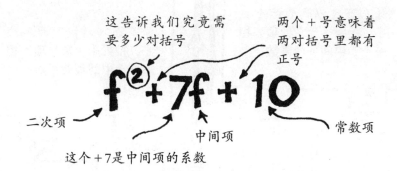

这告诉我们究竟需要多少对括号

两个 + 号意味着两对括号里都有正号

二次项　　　中间项　　　常数项

这个 + 7是中间项的系数

现在，我们已经知道需要两对括号，所以在开始之前，不妨先画两对括号——（ ）（ ）。

二次多项式往往在每对括号里都以一个未知的字母开始。我们未知的是字母 f，所以我们可以在每对括号中都放一个 f——$(f)(f)$。

现在，是激活一个特别的新发明的时候了……

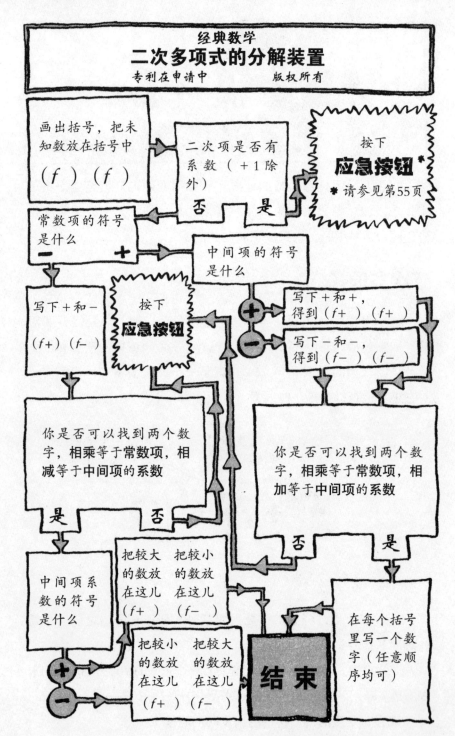

多亏了现代科技，过去让人感觉辛苦乏味的分解二次多项式，如今却成为一项令人愉快的消遣了。如果把 $f^2 + 7f + 10$ 塞进分解装置，一眨眼的工夫，你将发现自己已经写下了 $(f+\ )(f+\ )$。

接着，装置的使用指南让我们找两个数——它们相乘等于10，相加等于7。这很简单，因为 $5 \times 2 = 10$，而且 $5 + 2 = 7$。一旦找到这样的数字，你就可以随意地把它们放在每对括号里面。瞧，你得到了 $(f+2)(f+5)$，这就是答案了。

现在，让我们试着分解一个我们事先不知道结果的表达式：$g^2 + 4g - 21$。利用分解装置，我们很快写下了 $(g+\ )(g-\ )$。这次，我们需要找的两个数字是：它们相乘等于21，相减等于4。（温馨提示：该分解装置可以自动地处理系数和常数项的符号，因此你可以忽略21前面的负号。）所有数字中，只有 $7 \times 3 = 21$，幸运的是，$7 - 3 = 4$。于是，我们找到答案了。由于中间项系数的符号为正，我们便把 $+7$ 放在左边括号里，结果是 $(g+7)(g-3)$。

试着自己分解下面的表达式：

$$h^2 - 6h - 27 \qquad j^2 - 4j + 3 \qquad k^2 + 14k - 32$$

你算出它们的正确答案了吗？要是算出来了，那你打包的功夫比克罗克可好多了。

答案

$(h+3)(h-9)$，$(j-1)(j-3)$，$(k+16)(k-2)$。

当一个方程有两个答案

在我们继续下一步之前，或许你想先看看执行总监第一次看到这一章节时，"经典数学"总部的会议厅究竟发生了什么。

是的，下面的部分是有一些难，但是正常的《经典数学》的读者一定会明白我们为什么把它们写进来。即使你读了之后没能完全理解，也请把书打开，翻到这些页，然后在人们面前不经意地提一下它。当他们拿起书，发现你正在阅读的是关于二次方程的内容时，他们一定会认为你是个绝顶聪明的人。不必花费任何的代价，你就能获得顶级信誉了。顺便提一句，可不是很多书都能为你做到这些哦！

二次方程常常出现在右边有零的等式中，就像下面这样：$f^2 + 7f + 10 = 0$。

当你向空中抛出一些东西后，你一定希望知道它们将落在哪里。假如你正好对此觉得好奇，那么这样的方程就出现了。在本书的第135页，你就能明白它们是如何工作的了。

尽管二次方程中有一个平方项，但却只有一个未知数，所以我们应该能够解决这类问题。令人兴奋的是，二次方程往往有两个可能的答案。换句话说，f 可能是两个不同的数字，但是等式仍然成立。要想找到方程 $f^2 + 7f + 10 = 0$ 的两个答案，首先要将等号左边的表达式进行分解，得到 $(f+5)(f+2) = 0$。

现在，你自己想一想……任何东西乘0都等于0。所以，如果第一对括号等于0，第二对括号等于什么都没有关系，最终的答案都等于0。因此，这个等式还是行得通的。问题是：让第一对括号等于0，f 必须有一个确切的值。我们可以把它转化为一个小型等式：$f + 5 = 0$。很明显，$f = -5$。接下来，让我们检查一下这个值是否能够使我们的等式成立。

从 $f^2 + 7f + 10 = 0$ 开始，然后把 f 用 -5 代替，$(-5)^2 + 7 \times (-5) + 10 = 0$。

记住：负数 × 负数 ＝ 正数！

$25 - 35 + 10 = 0$，成功啦！

现在，假设第二对括号等于0，那么第一对括号等于多少也没有关系。既然这样，我们得到 $f + 2 = 0$，结果 $f = -2$。让我们试着把它代入等式：

$$(-2)^2 + 7 \times (-2) + 10 = 0$$

$$4 - 14 + 10 = 0$$

又成功了！

所以，这个方程的两个解是 $f = -5$ 或者 $f = -2$！

应急按钮

由于下面两个原因，二次方程的分解装置有些时候得不到答案。

▶ 二次方程中二次项的系数不是 $+1$，例如：$12m^2 - 7m - 10 = 0$。如果你有极其优秀的数学头脑，或许能处理这个问题，得到 $(4m - 5)(3m + 2) = 0$，然后得到 $m = \dfrac{5}{4}$ 或者 $-\dfrac{2}{3}$。但是假如我们没有这样的头脑，尽管分解装置能够帮助你放入正确的符号，但找到括号里所有的数字也还是一件棘手的事情。

▶ 你尽自己所能地努力了一番，还是算不出符合括号的数字，原因在于有些时候答案并不是整数。

如果陷入这样的困境，你就不得不把手放到桌子下面，按下秘密的应急按钮。

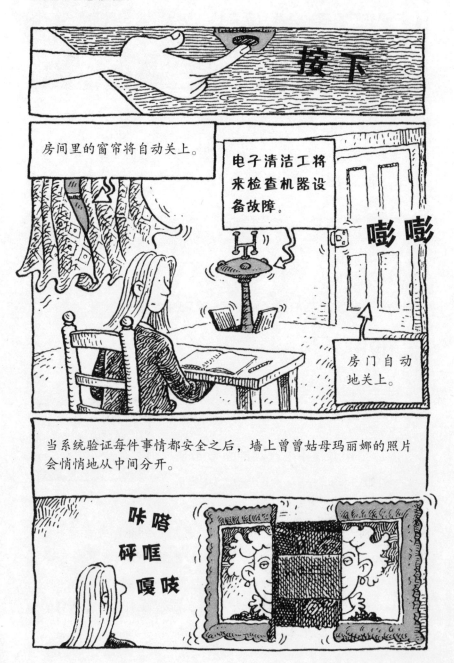

按下

房间里的窗帘将自动关上。

电子清洁工将来检查机器设备故障。

嘭嘭

房门自动地关上。

当系统验证每件事情都安全之后，墙上曾曾姑母玛丽娜的照片会悄悄地从中间分开。

咔嗒
砰哐
嘎吱

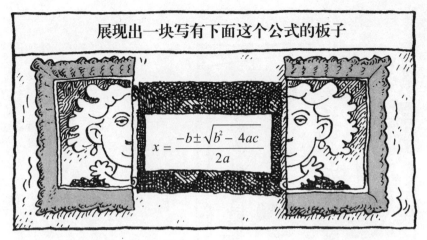

展现出一块写有下面这个公式的板子

$$x = \frac{-b \pm \sqrt{b^2 - 4ac}}{2a}$$

这个公式可以解决任何一个二次方程，其中最明智的部分在于可以代表加法或者减法的±符号。你得到二次方程的两个解的方法是，要把这个超级公式视为两个公式——另一个带有"+"号，一个带有"－"号，像下面这样：

$$x = \frac{-b + \sqrt{b^2 - 4ac}}{2a} \quad \text{或者} \quad x = \frac{-b - \sqrt{b^2 - 4ac}}{2a}$$

这是一件绝妙的武器。虽然它看起来很难处理，但是请放松，让公式为你做艰苦的计算工作吧。

顺便提一下，在你的桌子下面的确有一个应急按钮，不是吗？噢，亲爱的，拥有一个是绝对必要的。由于你是我们尊敬的读者之一，我们将派出一名可靠的应急按钮的安装人员，帮你解决安装问题。

叮咚

应急
按钮

安装员

一定是他来了，让他进来，并把他留在那儿继续干活。在此期间，你可以看看下面这段话，它会告诉你怎样使用这个公式。

首先，必须先想象一下，你的二次方程是 $ax^2 + bx + c = 0$。那么，让我们一起看看，它是如何对我们的旧方程 $f^2 + 7f + 10 = 0$ 起作用的。

其中 x 是方程中的未知数，因此我们在公式中，用 f 代替 x。系数 a、b、c 更加重要。a 是 f^2 的系数，所以 $a = +1$。b 是中间项的系数，所以 $b = +7$。c 是最后的常数项，所以 $c = +10$。让我们把它们分别代入公式中。

✗ 警告：公式中的第一部分是 $-b$，千万别忘记加上负号。这是使用该公式时几乎每个人都会犯错的地方。

我们开始了……

$$f = \frac{-7 + \sqrt{7^2 - 4 \times 1 \times 10}}{2 \times 1} \qquad 或者 \qquad f = \frac{-7 - \sqrt{7^2 - 4 \times 1 \times 10}}{2 \times 1}$$

哈哈！把数字代入公式后，往往有种如释重负的感觉，不是吗？在我们进行下一步之前，先检查一下你崭新的应急按钮安装得怎样了。

一切看起来都很好，让我们一起消灭那些数字，先从根号里面的部分开始……

$$f = \frac{-7+\sqrt{49-40}}{2} \quad \text{或者} \quad f = \frac{-7-\sqrt{49-40}}{2}$$

$$f = \frac{-7+\sqrt{9}}{2} \quad \text{或者} \quad f = \frac{-7-\sqrt{9}}{2}$$

$$f = \frac{-7+3}{2} \quad \text{或者} \quad f = \frac{-7-3}{2}$$

$$f = \frac{-4}{2} \quad \text{或者} \quad f = \frac{-10}{2}$$

得到的结果和之前计算的一样：$f = -2$或者-5。

$$x = \frac{-b \pm \sqrt{b^2 - ac}}{2a}$$

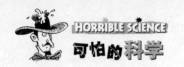
你曾曾姑母玛丽娜的画像正慢慢向中间合拢。此时此刻，是那么令人焦虑不安，不如在一个更难的题目上试试我们的公式，题目是$12m^2 - 7m - 10 = 0$。

其中，$a = +12$，$b = -7$，$c = -10$，让我们把它们代入公式：

$$m = \frac{+7 \pm \sqrt{(-7)^2 - 4 \times 12 \times (-10)}}{2 \times 12}$$

到目前为止，我们保留了$\pm$符号。在我们把它分成"+"和"−"之前，可以再等1分钟。你会发现，我们在"$-b$"的地方放上了$+7$，因为$b = -7$，所以$-b = -(-7)$，也就是$+7$。你真的不得不当心这些狡猾的"+"和"−"。现在，让我们尝试着把数字计算出来……

$$m = \frac{+7 \pm \sqrt{49 + 480}}{24} = \frac{+7 \pm \sqrt{529}}{24} = \frac{+7 \pm 23}{24}$$

接下来，我们可以把"$\pm$"符号分成"+"和"−"，于是得到两个答案：

$$m = \frac{+7+23}{24} \quad \text{或者} \quad m = \frac{+7-23}{24}$$

$$m = \frac{30}{24} = \frac{5}{4} \quad \text{或者} \quad m = \frac{-16}{24} = \frac{2}{3}$$

所以方程$12m^2 - 7m - 10 = 0$的两个答案是$m = \frac{5}{4}$或者$m = -\frac{2}{3}$。（二次项的系数如果不是$+1$，你得到的答案常常会是分数。）这对你来说足够难了吗？

你的应急按钮基本安装好了，把剩下的几个螺丝拧紧就完工了。激动吗？你会对自己多久用它一次而惊讶，因为有的时候，二次方程给出的答案会比我们刚刚看过的分数更难看。

丑陋的答案

仔细观察二次方程的求解公式后，你会发现 $\sqrt{b^2-4ac}$ 是一个必须要计算的地方。如果 b^2 的数值比 $4ac$ 的数值大，事情还比较好办。但假如等式左边是 $5x^2+4x+4$，结果会怎样呢？其中，$a=+5$，$b=+4$，$c=+4$。把它们分别代入括号中，得到 $\sqrt{16-80}$，居然是 $\sqrt{-64}$。这实在是件有点儿恐怖的事情。灯光在摇曳，小猫也吓得爬进烟囱里——这都是因为你需要求一个负数的平方根。$\sqrt{-64}$ 的答案并不是 $+8$，因为 $(+8)^2=+64$；也不是 -8，因为 $(-8)^2$ 也等于 $+64$。

其实，答案还是有的，只是我们必须放弃常规的数字，$\sqrt{-64}=\pm8i$，这个小写的 i 代表 $\sqrt{-1}$ 的虚数。现在，我们不用为这些问题担心，如果你想了解更多的有关"i"的内容，可以去看看《数字——破解万物的钥匙》。

顺便提一句，如果你继续完成这个方程式，会得到两个答案：$x=\dfrac{-4\pm8i}{10}$，也就是 $x=\dfrac{-2+4i}{5}$ 或者 $x=\dfrac{-2-4i}{5}$。现在高兴了吗？

你好！

[如果你是追求额外刺激的纯理论数学家，还可以对分子进行分解，得出$x = \dfrac{-2(1-2i)}{5}$或者$x = \dfrac{-2(1+2i)}{5}$，乐趣果然从未停止过。]

好消息是，如果你要计算一些糖果的花费，或者你需要测量天花板的大小，看看地毯在天花板上是否放得下（这种情况是有可能发生的，万一哪天重力作用突然颠倒过来呢），你将不需要做这样的运算。这种运算的最大秘密不是如何解决它们，而是如何避免它们。

太好了，技术人员刚刚装好了应急按钮。他做得真棒！只要他一离开，你就可以试试它啦！不过，还是请先看看下面这两个方程。

$$x^2 - x + 12 = 0 \qquad x^2 - x - 12 = 0$$

对于没有经过训练的人来说，它们俩看起来差不多。但其中的一个非常简单，另一个却非常难。究竟哪个容易，哪个难呢？

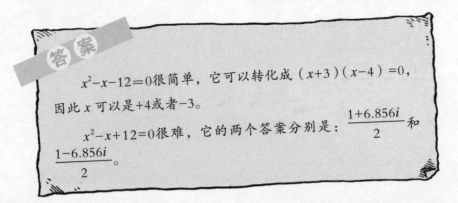

答案

$x^2-x-12=0$很简单，它可以转化成$(x+3)(x-4)=0$，因此 x 可以是+4或者-3。

$x^2-x+12=0$很难，它的两个答案分别是：$\dfrac{1+6.856i}{2}$和$\dfrac{1-6.856i}{2}$。

没有任何活着的生物有义务弄清楚这些复杂答案的可怕含义。可是你知道吗？有些人的确思考过它们的含义，甚至有人还很享受这个过程。

你可以在www.murderousmaths.co.uk上找到解决二次方程的其他方法（甚至还有一个特殊的二次计算器）。

你可能很难相信两个几乎完全相同的方程竟会有如此不同的答案吧？你想检查一下吗？那么继续，我知道你想……按下你崭新的应急按钮吧！

　　噢！不，居然是芬迪施教授新设的一个残酷的挑战！他一定是伪装成技术人员，在你的桌子下安装了"召唤教授"的按钮，而不是应急按钮。现在，需要冷静一下。

　　"那么，"你说，"我猜是你钻进房间，在每件东西上安装了电线和电动机吧？"

　　"的确如此，"教授咯咯地笑了，"而且你从没有怀疑过，现在你已经让我带着一个残酷的挑战进来了。"

　　"让我把这一切弄清楚。"你说，"你之前来到这，拼命地敲锤、钻墙甚至清扫，干了几个小时。"

　　"是的。"他自豪地说道。

　　"就为了你可以再次进来，给我一个残酷的挑战，对吗？"

　　"对，就是这样。"

　　"为什么最开始你没有给我挑战？那样就不用麻烦你做那些活儿了。"

　　"因为……"教授吞吞吐吐地说。他还没有想过这些问题呢。绝望中，他挥舞着一张又薄又轻的纸，放在你的鼻子下面。你认为自己已经了解方程了，对吗？那么，看看你该怎么让这个等式成立呢？

$$(9+Z)(1+Z)=6+7Z+Z^2$$

你瞥了一眼后说："你今天一定过得不咋的，对吗？看，你甚至连加法都做错了。如果把括号中的内容乘出来，你会得到 $9 + 10z + z^2$。这很简单。"

"我知道它是错的，"教授尖叫道，"它只是被认为是错的，这就是一个挑战。你必须对它进行一些改变，使它成立。不然下一次，我还会出现，做几个小时不必要的工作，并且再也不打扫了。"

当一滴黄色的汗珠从教授的鼻子上滴下，溅到你的桌子上时，你在想，如果真的把他留在房间里，而且还不能马上把问题解决掉，这该是多么可怕的想法！

"这个问题相当简单。"你边说，边去拿笔。

"等一等！"教授说着，他那又冷又湿的手抓住了你的手腕。这感觉好像被一只巨大的海蛞蝓舔了一下。"你还没有听到棘手的部分呢！"

你不允许写下任何东西，也不能与外界有任何接触。

的确很残酷！你所能做的就剩下把这个方程式从书中抄下，写在一张纸上，看看能否接受教授的挑战并击败他。

与此同时，教授则在边上趾高气扬地走来走去，看起来对自己非常满意，可真让人无法忍受。

"哈哈！"教授咆哮着说，"你根本理解不了我对自己有多么满意。你还认为你能应付得了这本书中的某些内容，其实你完全做不到！你的二次方程公式现在已经不足以帮助你完成这道题了。你知道为什么吗？因为那个公式是有缺憾的……"

你任由教授继续走来走去，因为他还不知道你已经在桌子下面秘密地拆开了应急按钮的盖子。砰！成功了。凭着惊人的熟练度，你把手伸进里面，反接了电线。

教授说："怎么样？承认吧，你的公式根本就没有用！你还有什么想说的？"

"我正有件事情想说。"你说。

教授问道："是什么？"

"再见！"

你按下了按钮，相反的电路把教授吸进曾曾姑母玛丽娜画像后面的墙中，紧接着画像迅速地关上。除了曾曾姑母玛丽娜好像换了一个真实的鼻子以外，没有任何教授来过的痕迹。更糟糕的是，那只鼻子似乎正往下滴着什么东西……

哦，好吧，这就是学数学过程中丰富多彩的生活。

更难的方程

我特意为你添加了这部分内容。

你刚刚阅读了这本书中最难的部分，不过我们了解读者的水平。处理带有x^2的方程对你而言并不是很难，对吗？你还想学习更多的东西，对吗？你渴盼学到更多的本领，处理带有x^3、x^4甚至x^5的方程，对吗？

不过，非常抱歉，我最多只能带你投入到二次方程的战斗中。我知道你会有些沮丧，所以我愿意花一些时间来解释原因。事先说明，这可是一件从未被泄露过的顶级机密。为了不让任何人看到你，请时刻听从我的指示，以防他们怀疑。

有没有人对你现在所读的东西格外注意？没有？太好了，接着往下读……

几千年来，数学家们找到了很多进攻并击败二次方程的办法，尽管他们中的很多人并不了解负数和零的概念。

说起零，你很快就会知道，它是如何成为宇宙中最大的威胁的。（你笑了，挠了挠鼻子。）

有很多方程比二次方程还难处理。三次方程带有x^3，例如$x^3 - 4x^2 - 9x + 7 = 0$。一直以来，人们都没有找到确切解决三次方程的方法。直到16世纪，一位名叫费罗的意大利数学家提出了一种由塔尔塔利亚改进的方法。（快，为了防止有人路过，你一定要大声地笑出来，如果有人问起，就说你认为塔尔塔利亚听起来很有趣，哈哈哈！）

这种方法后来被卡尔达诺剽窃，要知道他的赌博及暴力和他在数学方面的成就一样出名。卡尔达诺的一名学生——费拉里，进而解决了带有一个x^4项的四次方程。

打那以后，数学家们便一直设法解决带有x^5项的方程，却总被证明是不可能的。虽然我们肯定答案就在世界的某个地方，可找到它还真是一件不简单的事情。（最后，让我们大笑一下，擦擦眼睛，恢复镇定。这么做虽然很无趣，但却非常严肃，没有谁会对此表示怀疑。）

现在，你知道了。比二次方程难很多的东西或许并不存在。同时，顺便提一句，卡尔达诺背地里被叫做幽灵G，而费拉里则叫做幽灵L。他们是这个领域的两位最佳代言人。

接下来，告诉你最后一个秘密倒也无妨。我的英文第一个名字是"Xylophone"，这就是我被叫做幽灵X的原因。

魔术的秘密

数学的魅力之一在于，它可以让人们做许多不可思议的数字戏法。这些戏法，即使你已经知道怎么去操作，却还要通过代数方面的知识才能弄明白其中神秘的原理。

22的把戏

找个朋友一起来玩这个非常棒的把戏，比如梅维丝。（千万别告诉她，这是一个叫做"22"的把戏。）

你所需要的东西：一支笔、一些纸、一名会特技的飞行员。

开始之前，你需要和飞行员悄悄地说几句话。

接下来，递给梅维丝一支笔和一张纸。

下面是梅维丝要做的事情。

▶ 从1~9中选择任意3个不同的数，并写在纸上（比如2、9、1）；

▶ 用这些数字写出6个可能的两位数，并将它们相加（必须确保梅维丝能找出所有6个数，且不重复）；

▶ 接下来，梅维丝需要将最初选择的3个数相加，并用前面得出的6个数的总和除以这3个数的总和（2＋9＋1＝12，最后 264÷12＝22）；

▶ 快看窗外！

啊，这就是我得到的答案！

此时此刻，梅维丝一定被深深地打动了！

这个把戏的有趣之处在于，不管梅维丝最初选择的是哪3个数，答案都等于22。

要是你没办法安排一架飞机配合这个把戏，也可以通过其他方法在最后向梅维丝显示数字22。

谁是聪明的姑娘呢？22号！

这是不是一个很棒的把戏呢？但是它是如何做到的呢？

让我们从梅维丝必须选择3个不同的数开始说起。因为我们要用代数的知识解释这个把戏，所以我们分别用T、D、N来代表3个不同的数。我们通过不同的排列组合将这3个字母组成6个不同的两位数：TD、DT、DN、ND、TN、NT。

现在我们把这6个数加起来，诀窍是把十位和个位的数分别加起来。

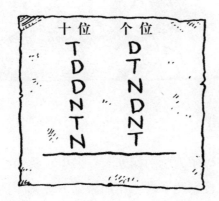

如果你把个位上的字母加起来，会发现每个字母都出现了两次，所以我们得到了$2T + 2D + 2N$，它可以变成$2(T + D + N)$。

如果你把十位上的字母加起来，每个字母又都出现了两次，所以我们再一次得到$2T + 2D + 2N$。因为这次是在十位上，所以总和应该是$2(T + D + N) \times 10$，或者是$20(T + D + N)$。

把十位和个位的和放在一起，相加，得到$20(T + D + N) + 2(T + D + N)$。

我们可以写成下面这样：

$20(T + D + N) + 2(T + D + N) = 22(T + D + N)$。

现在，看看这个把戏中最后的部分。我们把最初3个数相加，得到$(T + D + N)$。然后用前面的结果除以它，得到结果。瞧，多简单！

$22(T + D + N) \div (T + D + N) = 22$。

好啦！所有的字母都消失了，同时答案也出现了，是22。所以，梅维丝随便选择哪3个数作为最初的数都没有关系，答案总会是22。

斐波纳契数列

在《数字——破解万物的钥匙》一书中，我们已经看到了斐波纳契数列。写下任意两个数，相加后记下答案。接着，把最后的两个数相加，在后面再次写下答案，继续往下做（总是将最后两个数相加）。当你一共写下6个数时，请停下来，然后把这6个数都加起来。

如果你最初写下7和4，则这6个数将会是：7，4，11，15，26，41。

当你把它们全部加起来，你会得到104。

接下来是奇怪的部分，如果有其他人像这样写下6个数，在他们写下第六个数之前，你就可以得到总和。你所需要做的只是用第五个数乘4。在上面的例子中，你会看到第五个数是26，$26 \times 4 = 104$。无论最开始时是哪两个数，这一规律始终成立。代数的知识可以为我们解释其中的原因。

假设我们的起始数是S和N。让我们来看看，当你不停地把最后的两个数加起来时，你得到了什么。

把带有S和N的数分别放在不同的列计算会更加容易，这样我们能很快地把它们加起来。

S			第一个数
		N	第二个数
S	+	N	第三个数
S	+	2N	第四个数
2S	+	3N	第五个数
3S	+	5N	第六个数
8S	+	12N	总和

你可以看到第五个数是$2S + 3N$，如果你把它乘4将得到$8S + 12N$……正好是6个数的总和。S和N具体是什么都无所谓，所以开始选择哪两个数也无所谓。

想一个数

类似的把戏足有上百个，它们都从叫别人想一个数开始，也都可以用一些代数知识来解释。更加有趣的是，当你弄明白它们是怎样做到的之后，还可以发明自己的戏法呢！下面这个简单的戏法一定会给你一些启示。抓住梅维丝，让她来试试这个。

诀窍是这样的。

梅维丝给你的答案要以0结尾。（如果不是这样，那么她就算错啦！）你所要做的就是去掉0，减5。因此，180变成18，减5，结果是13！它就是梅维丝开始想的数。但是为什么呢？

下面就让我们一起看看这个戏法的秘诀吧。假设梅维丝开始想的数是m。

想一个数	$= m$	
加2	$= m + 2$	
乘5	$= 5(m + 2)$	$= 5m + 10$
加15	$= 5m + 10 + 15$	$= 5m + 25$
乘2	$= 2(5m + 25)$	$= 10m + 50$

这就是梅维丝给你的答案，接下来是你在头脑中所做的事情。

去掉末尾的0（比如除以10） = $m + 5$

减掉5 = m

就这样，你算出了梅维丝最开始想的数。

如果梅维丝选择了27，不同步骤将会产生的答案分别是：27、29、145、160和最后的320。因此，去掉末尾的0得到32，减掉5又得到27。这是一个很容易的游戏，为什么不马上试一试呢？选择任何你喜欢的数试试吧！

温馨提示：做游戏的时候，如果数字能和其他东西相关联，人们对它的印象会更加深刻。若想让游戏看起来更棒，你可以请梅维丝做下面这些事情中的一件，而不是让她想一个数。

神奇的扑克牌

▶ 让梅维丝悄悄地从一副牌中挑出任何一张扑克牌（除了王牌）；

▶ 让她把牌面的数乘5（其中，J牌＝11，Q牌＝12，K牌＝13）；

▶ 如果牌是红色的，她应该再加20；如果牌是黑色的，则加21；

▶ 接下来，将上面得到的答案乘2；

▶ 最后，如果牌是红桃或者黑桃，加1；

▶ 等梅维丝告诉你结果后，你便告诉她这是一张什么牌。

诀窍是这样的！

要想分辨牌的花色，就看看末尾的数字，0＝方块，1＝红桃，2＝梅花，3＝黑桃；要想辨别牌面数字，就忽略个位数，用剩下的数减4。因此，如果梅维丝说结果是93，3告诉你她选的牌是黑桃，然后你计算9－4＝5，从而知道她选的牌是黑桃5。同理，160是方块Q，51是红桃A，112是梅花7，等等。

这是为什么呢？

在这个戏法中，牌面的数字和花色是分开的。我们悄悄地将牌面数字乘10，再加40，这就意味着最终得到的结果的个位数并不受牌面数字的影响，因此它便被用来识别牌面的花色。

既然牌面的花色是由最终答案的个位数决定的，所以我们一定要好好研究一下其中的规律。前面的操作指南中指出，如果是红色的牌加20，黑色的牌则加21，也就是说个位数是0代表红色，是1代表黑色。接下来，将前面的结果乘2，所以最后一位是0表示牌面是红色的方块或者红桃，是2则表示牌面是黑色的梅花或者黑桃。

随后，操作指南写到，对黑桃或者红桃要加1。如此的话，我们可要好好地听清楚最终答案的个位数。如果是0，就表明是一张红色的方块；如果是1，则表明是一张红桃；如果是2，那它就是一张黑色的梅花；如果是3，它一定是一张黑桃。

可怕的预言

接下来出场的戏法玩起来很简单，你可以和这本书一起玩一玩。

▶ 告诉梅维丝，幽灵X已减肥成功，藏在本书中的某个地方。

▶ 让梅维丝在1~9之间选择一个数，记在脑袋里。（你也可以递给她一个骰子，让她抛一下，当然不能把结果告诉你。）

▶ 把这个数乘2。

▶ 加上119。

▶ 再乘5。

▶ 答案应该是个3位数，梅维丝必须画掉中间的那个数字，留下一个两位数。

▶ 让梅维丝在这本书中寻找那个页码，然后看着那一页的底部。

▶ 记得安慰她，消除她的恐惧，告诉她，你只是打算用你的极其神奇的魔力做好事，而不是做邪恶的事情。

你可以自己试试这个戏法。想一个1～9之间的数，按照指示翻到这一页！

戏法可以成功的原因是，如果你的数字是y，指示总是会产生（$10y + 595$）的结果。只要y是在1～9之间，那么答案将总会以6开头，以5结尾。y的值只会影响中间那个数字。因此当你把中间的数字画掉，你总是得到65的答案。呵呵，真聪明啊！

红黑奇迹

当最后机会酒吧的门被打开，酒吧四周墙上的油灯已经快烧完了。一个穿着黑色长外套的男人从漆黑的漫漫夜色中走了进来。

"哎呀，布雷特，你好！"李尔在桌子旁喊道，边上还有一架沉默的钢琴。

"嗯，再见，李尔！"布雷特一边回答，一边立刻转身打算走出去。

"布雷特，你要去哪里？"

"……去找个可以歇脚的地方。"犹豫了好一会儿，布雷特说道。

"布雷特，现在已经很晚了！"李尔打着哈欠说，"其他地方早都关门了，你难道不知道现在几点了吗？"

"我知不知道时间你最清楚了！"布雷特骂骂咧咧道，"上一次我们见面，你骗走了我外祖父留给我的金表和表链。"

"我可没骗你什么！"李尔从钱包中掏出一块沉甸甸的金表，"你只是不走运罢了，我对此也很伤心。每隔一段时间，当我把它掏出来看时间时，你知道它告诉我的时间是什么吗？它告诉我的是你把它赢回去的时间。所以，布雷特，还是过来休息一下吧！"

布雷特转身看着李尔正在洗一副旧牌，突然间感觉兴奋起来。在李尔的手中，这些牌常常会像禾苗上的青蛙，前后跳来跳去，但是今天有一点儿不同。可能是时间太晚了，李尔洗牌的时候总是将牌洗飞在桌子上的各处，然后又不停地四处摸牌。看到布雷特在注意她，李尔尴尬地笑了笑，弯腰从扑克牌中挑出黑桃J，扔在地上。但是当她做这些的时候，她意外地掉了一把牌。布雷特舔了舔他的嘴唇。这会是他的好机会吗？李尔几乎连一副牌都拿不住了，更不用说对付他这个爱冒险的家伙了。

"今天玩什么游戏？"布雷特边说边拖了一把椅子坐到桌子旁边，"我猜想今天晚上我可以幸运些。"

"我有点儿累了，"李尔说，"所以来点儿简单的怎么样？我们把牌分开，你拿走所有黑色的牌，我拿走所有红色的牌。"

"地上还有一些牌呢！"布雷特说。

"那些就别管了。"李尔说，"已经很晚了，只要我手上所有的牌都是红色的，你手上所有的牌都是黑色的就行。布雷特，你来发所有的牌。我的手今天晚上不太舒服。"

布雷特开始发牌。他把牌正面朝上放在桌子上，给李尔所有红色的牌，把所有黑色的牌留给自己。

发完牌后，李尔请他把两堆牌翻过来，面朝下。李尔把她的牌随便地放在桌子上，而布雷特则把自己的牌全部拿起来，紧紧地握在手中。他可不仅仅是在碰碰运气而已。

"现在，把你手中的黑色牌递给我一些。"李尔说道。

"多少张？"布雷特说。

"你喜欢给我几张就给几张，"李尔说，"选一个数吧。"

"给你10张牌。"说着，布雷特就把10张牌面朝下递了过去。李尔把它们插进自己的牌堆里面。

"现在，你从桌上选10张牌拿回去。"她说，"然后，把它们放在你的牌中洗一下。"

"我猜我拿走的牌有红色，也有黑色。"说着，布雷特把新拿的牌插在自己的牌里。

"我猜你是对的。"李尔说，"现在，你再选一定数目的牌给我，把它们递过来，并让它们正面朝下。"

"这一次，我将给你8张牌。"布雷特说，"我猜红色牌和黑色牌现在都混在一起了。"

"我也这么认为。"李尔说，她把布雷特的8张牌与桌上的其他牌混合起来，"好啦，布雷特，现在你可以挑我的任意8张牌，放回你的手里。然后看看你手上拿的所有牌，不要给我看。"

于是，布雷特挑了8张牌，与自己的其他牌放在一起。接着，把所有的牌在手上摊开，一一看了一遍。

"红色牌和黑色牌混合得很好，布雷特，对吗？"李尔问道。

"非常好。"布雷特说。

"一开始，你手中全是黑色牌。"李尔说，"但是现在，你也有我的一些红色牌，对吗？"

"说得没错，"布雷特说，"我想你也得到了我的一些黑色牌。"

"我想，"李尔说，"尽管我还没有看过牌，但是我愿意用这块漂亮的金表赌你的靴子。我打赌我拿你的黑色牌多于你拿我的红色牌。"

布雷特盯着自己手中的牌看了看，数出了7张红色牌。他非常想把金表要回来，但是李尔的黑色牌会多出7张吗？他知道，一副普通的牌有26张红色牌和26张黑色牌，所以他应该可以把结果算出来，但是……

布雷特努力地想了想，一切看起来似乎是一场公平的游戏。而且，毕竟李尔几乎没有碰过牌，但是他仍然有点儿怀疑。

"我知道啦！"他大声说道，"如果你想打赌你得到我的黑色牌更多，那么你必须知道一些事情，李尔！假设我们把这个打赌反过来，你打赌我拿到你的红色牌更多，怎么样？"

"随便你怎么说吧，布雷特。"李尔说，"因为我不是真的想要你的靴子，相反，我是真希望把你的金表还给你。"

但是布雷特还是不高兴。他是否能确定李尔的黑色牌多于7张呢？李尔从来没有赌输过。他叹了一口气，站起身来要走。

"现在你要去哪里？"李尔温柔地问道。

"你是在以某种方式欺骗我，"布雷特说，"而且在我不想打赌的时候逼我打赌，所以我要离开这里。"

"布雷特，"李尔哭着说，"请坐下。你看，我已经尽可能让它简单了。我会让你在两个结果中都赢的。如果你拥有我的红色牌更多，你赢了。或者……如果我拥有你的黑色牌更多，你也赢了。不论怎样都是你赢，你觉得如何？"

"那么，也就是说，无论是谁比别人的牌更多，我都赢了？"布雷特着急地检查自己手上的7张红色牌。它们中没有一张变成黑色、蓝色或者其他的任何一种颜色。"小姐，你已经赌了哦！不许反悔。"

于是，李尔把自己桌上的牌一张接一张地翻过来。当第七张同时也是最后一张黑色牌被翻过来时，布雷特简直不能相信自己的眼睛。

"可能是我赢了！"李尔说，"我简直不敢相信我的运气啦！布雷特，我拿到的黑色牌和你拿到的红色牌一样多。所以没有人得到更多的牌，因此我认为你没有赢。"

这个把戏的方法极其简单！不管地上有多少张牌，也不管它们的颜色是什么，结果都一样。此外，布雷特递过来多少张牌或者拿回去多少张牌，也都没有关系，甚至他做多少次递牌和收牌也不重要。唯一重要的事情是，布雷特最后一定要拿着与开始数目恰好相同的牌。

假设布雷特开始时和结束时手里牌的数目 = C。

假设游戏结束之前，布雷特总共递给李尔的黑色牌的数目 = b。（所以，他之前已经出手的黑色牌和拿回的黑色牌不用特意计数。）

假设在游戏结束时，布雷特手上拿的红色牌的数目 = r。

下面是整个过程：

▶ 在游戏开始时，布雷特手上拿的全部是黑色牌，所以他以 C 张黑色牌开始。

▶ 在游戏结束之前，布雷特递出去 b 张黑色牌，所以他还有的黑色牌的数目是 $C - b$。

▶ 同时，在游戏结束之前，布雷特已经从李尔那里拿回 r 张红色牌。所以最后他拿着的红色牌和黑色牌的总数目是 $C - b + r$。

▶ 但是在游戏结束时，我们知道，他还是拿着C张牌，所以 $C - b + r = C$。

▶ 如果重新整理一下这个等式，你会得到$C - C + r = b$，其中$C - C$当然等于0，所以你得到$r = b$。

这告诉我们，布雷特从李尔那里拿的红色牌的数目和他给李尔的黑色牌的数目一样多。这两个数目必须相等。

魔鬼数学实验室

至此，我们已经找到了一些代数处理问题的方法，还领略了它是如何和我们玩把戏的。不过，现在我们该拜访一下那些把代数推向极致的专家们了。作为消遣，我准备带你偷偷溜进"经典数学"实验室，纯理论数学家们总是喜欢在那里对晦涩难懂的表达式作出精确的解释，并在它们身上进行可怕的实验。

进去之前，你得换身得体的衣服。脱下棒球帽、运动鞋、牛仔裤之类的时髦衣服。下面的服饰里，你得挑一件，全穿上也没问题：橙色男女式衬衫；领带或者制作成古怪卡通形象的胸针；灰绿色对襟羊毛衫；裤子没必要长及袜子的上沿，腰带没必要穿过裤腰上的每一个腰带扣；有褶皱的紧身裤；印有"1983年6月全国数学大会代表"的褪色徽章。此外，如果你不能制造出自然的头屑，撒点儿面包屑在肩膀上也行。

面带微笑是最重要的，因为生活在一个满是可爱运算的世界里，你会永远快乐的。噢，还有一件事，别忘了带一个塑料杯，里面装上半杯冷咖啡，一定不能是一整杯咖啡，也不能是热的，因为一些神秘的原因，不能这么做。

准备好了吗？（啊哈——别忘了检查一下，确保你的衬衫衣角露在外面。）我们这就出发……

房间中央的一张解剖台很快映入你的眼帘。数学家们对那个晦涩的表达式是怎么理解的呢？

嗯？这个表达式里有一堆可怕的字母和括号，可他们却说它很简单。显然，这是个只有数学家们才理解的笑话。上帝保佑他

们。让我们把这个表达式抄下来，看看能否从中发现一些有趣的地方：

$$\frac{(b+a)(2b-a)(a-b)^2}{(b-a)(b^2-a^2)(2b-a)}-1$$

难以置信，他们今天比平常更疯狂。你能找出好笑的地方吗？是那条长长的分数线吗？还是那些平方呢？要是我们知道a或b代表什么就好了，或许a代表一则小幽默故事吧。

他们好傻呀，不理他们了。让我们看一下公告栏上贴的是什么吧。

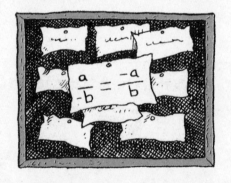

这是一个很有用的等式。如果分数的分母上有负号，你可以把负号移到分子上。这是因为，分子和分母可以同时乘一个数，而不改变等式关系。在这个例子中，我们让分子分母同时乘 -1，就得到：

$$\frac{a}{-b} = \frac{a \times (-1)}{-b \times (-1)} = \frac{-a}{b}$$

简单而令人满意！

真贴心呀。你把装着半杯冷咖啡的塑料杯递过去，环顾四周。周围还有什么呢？

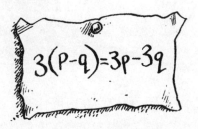

我们知道这个。括号的意思是要将括号内的每一项都乘括号外的系数。

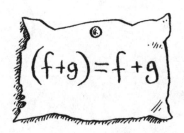

同理，如果括号外没有数字，那么系数就为 + 1。如果你愿意，可以把括号直接去掉。

天哪，你可能永远猜不到他们在困惑什么。就算你很高兴看到 $(f+g)=f+g$，也会有一些纯理论数学家们认为，你不能把括号移到等号的右边，将它变成 $f+g=(f+g)$。

每当这时，你都想要尖叫，是吗？没关系，至少其中一个人
还有一点儿正常人类的感觉。

哎！让我们都同意 $(f+g)=f+g$ 和 $f+g=(f+g)$ 吧。要是有任何人和你意见不一致，就给他煎两个鸡蛋。这样应该可以解决这个问题了。如果他们继续争论，也用不着担心，因为当他们争论的时候要是不小心把嘴里的鸡蛋喷了出来，谁也不会在意的。

❌ 如果你改变了括号外面的符号，括号里面的符号也要改变。

这是一个非常实用的小技巧，其原因在于 $-(r-s)$ 括号外面的系数为 -1。我们通常不会在括号外写上系数"1"，因为这样做不会产生任何变化，但 1 的前面要是还有一个负号就会引起很大变化。如果你把 $-(r-s)$ 展开，就变成 $(-1)×r=-r$，$(-1)×(-s)=+s$，把这两个结果放在一起就得到 $-r+s$。我们可以交换两个字母的位置，得到 $s-r$。于是，就像那两个煎蛋向我们展示的一样，$s-r=(s-r)$。

公告栏上还贴着一样东西：

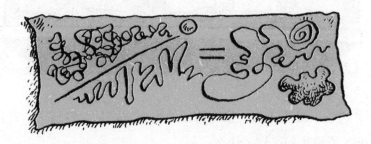

哇！好复杂呀。这可能是一种难度更高的代数，运用于分析复合无穷。

一些让人出奇满意的东西

我们对公告栏上的内容已经说得太多了，现在来看一下架子上放了些什么吧。

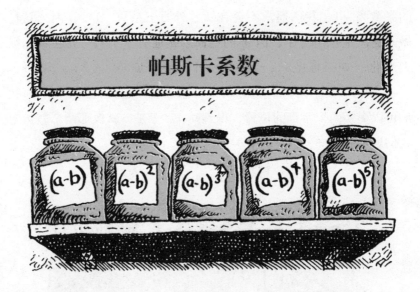

帕斯卡系数

这些东西是什么？找出答案的唯一方式是，将每一个表达式展开，看看我们得到了什么。

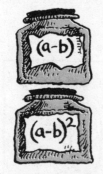

$$(a-b)=a-b$$

这很简单。

$(a-b)^2$ 就有点儿难了。这个表达式意为 $(a-b)(a-b)$，为了把它展开，你需要将前一对括号里的每一个字母乘后一对括号里的每一个字母。如果你不敢肯定，最安全的办法是把前一对括号中的字母拆成 a 和 $-b$，然后再分别乘后一对括号里的每一项，就会得到：

$$(a-b)(a-b)=a(a-b)-b(a-b)=a^2-ab-ba+b^2$$

一旦得到$a^2 - ab - ba + b^2$，你可能会记起，要找出那些由相同字母组成的同类项。我们找到了$-ab$和$-ba$，它们都含有一个a和一个b。（两者的位置并不重要。）因此，我们可以把它们放在一起，就得到$-2ab$。最终结果为：

$$(a-b)^2 = a^2 - 2ab + b^2$$

如果你想检验一下刚才的乘法运算是否正确，可以分别在等号的左右两边代入相同的数字，看看得到的结果是否相同。你可以选用任何数字，比如我们设 $a = 7$，$b = 3$。

▶ $(a - b)^2 = (7 - 3)^2 = 4^2 = 16$

▶ $a^2 - 2ab + b^2 = 7^2 - 2 \times 7 \times 3 + 3^2 = 49 - 42 + 9 = 16$

两边都得到16，这正是我们想要的结果。

既然我们学会了 $(a - b)^2$，想想 $(a + b)^2$ 该如何展开呢？（提醒你一句，我们将括号里的减号换成了加号。）如果你把它展开，会得到几乎一模一样的结果，只是里面没有负号。

$$(a+b)^2 = a^2 + 2ab + b^2$$

让我们快速检验一下，设 $a=7$，$b=3$。

▶ $(a+b)^2 = (7+3)^2 = 10^2 = 100$

▶ $a^2 + 2ab + b^2 = 7^2 + 2 \times 7 \times 3 + 3^2 = 49 + 42 + 9 = 100$

计算 "一个数与 $\frac{1}{2}$ 的和的平方" 小技巧

如果你想计算 "一个数与 $\frac{1}{2}$ 的和的平方"，$(a+b)^2$ 为你提供了一个相当实用的捷径，你可以把这个数乘比它大 1 的数，然后再加 $\frac{1}{4}$。

因此，如果要计算 $(5\frac{1}{2})^2$，可以将 5×6，得30，然后加上 $\frac{1}{4}$，就得到 $(5\frac{1}{2})^2 = 30\frac{1}{4}$。

你会发现这种方法对于计算 $(a+\frac{1}{2})^2$ 总是有效，这是因为：

$$(a+\frac{1}{2})(a+\frac{1}{2}) = a^2 + 2 \times a \times \frac{1}{2} + \frac{1}{2} \times \frac{1}{2} = a^2 + a + \frac{1}{4} = a(a+1) + \frac{1}{4}$$

假设你有一块正方形的地，想在上面铺上正方形的瓷砖，每条边可以铺 $8\frac{1}{2}$ 块瓷砖，那么，你总共需要多少块瓷砖呢？在这个问题里，你需要计算出 $(8\frac{1}{2})^2$，于是表达式中的 a 就变成了8。

你将得到 $(8+\frac{1}{2})^2 = 8(8+1) + \frac{1}{4} = 8 \times 9 + \frac{1}{4} = 72\frac{1}{4}$。

现在让我们看看，展开这个典型的表达式会出现什么结果。

在下一页中，我们给大家画了一张简单的图表。

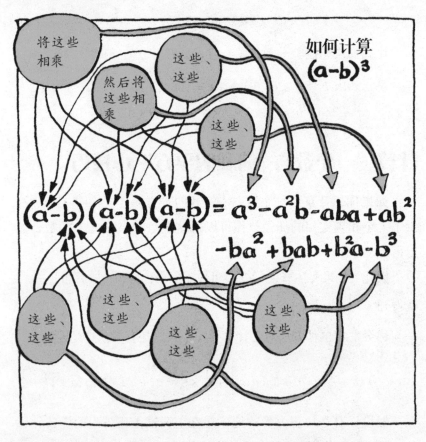

现在把同类项放在一起，关键是要把它们都找出来。例如：

$aba=ba^2=a^2b$，$ab^2=bab=b^2a$，得出：

$$(a-b)^3=a^3-3a^2b+3ab^2-b^3$$

这儿还有一个稍微简单的方法可以得到相同的结果，尤其当我们已经知道了 $(a-b)^2 = a^2 - 2ab + b^2$ 之后。你可以这样计算：

$$(a-b)^3 = (a-b)(a-b)^2$$
$$= (a-b)(a^2 - 2ab + b^2)$$
$$= a(a^2 - 2ab + b^2) - b(a^2 - 2ab + b^2)$$
$$= a^3 - 2a^2b + ab^2 - ba^2 + 2ab^2 - b^3$$
$$= a^3 - 3a^2b + 3ab^2 - b^3$$

对不起，我们该向大家道歉。这本书是不是已经扫了大家的兴致呢？我们忘了，那些《经典数学》的热心读者一定希望自己亲手算出 $(a-b)^3$。

没关系，你们可以试着检验下面这些表达式：

$$(a-b)^4 = a^4 - 4a^3b + 6a^2b^2 - 4ab^3 + b^4$$

你觉得对吗？好，现在检验这一个：

$$(a-b)^5 = a^5 - 5a^4b + 10a^3b^2 - 10a^2b^3 + 5ab^4 - b^5$$

至此，你可能已经在结果中发现了一些模板。如果你仔细看这些项，就会发现：

▶ $-$、$+$、$-$、$+$ 交替出现；

▶ a 的幂依次递减；

▶ b 的幂依次增加。

101

因此，如果想计算 $(a-b)^6$，我们可以很肯定地认为结果会像这样：

$$a^6 - \square a^5b + \square a^4b^2 - \square a^3b^3 + \square a^2b^4 - \square ab^5 + a^6$$

我们唯一不知道的是方框中的系数。如果不需要做大量乘法计算就能得出结果，这不是很好吗？站在一边，睁大眼睛，等待奇迹发生吧。

如果你读过《概率——寻找你的幸运星》这本书的话，一定已经了解了帕斯卡三角，以及这个三角做出的新奇事儿。接下来我们将要发现更多的东西，但首先要看一下这个三角长什么样：

帕斯卡三角

```
        1   1
      1   2   1
    1   3   3   1
   1   4   6   4   1
  1   5  10  10   5   1
 1   6  15  20  15   6   1
1   7  21  35  35  21   7   1
```

正如你所看到的那样，帕斯卡三角的两边各有一列数字1，且三角形内每一个数字都是其上两个数字之和。第二行中，2是1 + 1的和；第三行中的每一个3，都是1 + 2的和。

一直到最后一行中的21，它是6 + 15的和。只要你喜欢，你可以写出许多行，不过，我们仅写了7行。

现在，让我们看一下（$a-b$）的幂：

运　算	系数（不带+/-符号）
$(a-b) = a-b$	**1 1**
$(a-b)^2 = a^2 - 2ab + b^2$	**1 2 1**
$(a-b)^3 = a^3 - 3a^2b + 3ab^2 - b^3$	**1 3 3 1**
$(a-b)^4 = a^4 - 4a^3b + 6a^2b^2 - 4ab^3 + b^4$	**1 4 6 4 1**
$(a-b)^5 = a^5 - 5a^4b + 10a^3b^2 - 10a^2b^3 + 5ab^4 - b^5$	**1 5 10 10 5 1**

令人惊讶的是，这些系数竟然与帕斯卡三角中每行的数字都相同。因此，对于（$a-b$）^{6}而言，我们只要使用帕斯卡三角形第六行中的数字，就能得到：

$$(a-b)^6 = a^6 - 6a^5b + 15a^4b^2 - 20a^3b^3 + 15a^2b^4 - 6ab^5 + b^6$$

甚至：

$$(a-b)^7 = a^7 - 7a^6b + 21a^5b^2 - 35a^4b^3 + 35a^3b^4 - 21a^2b^5 + 7ab^6 - b^7$$

如果你想检验一下$(a-b)^7$是否正确，就自己动手吧。以下是你需要计算的：

$$(a-b)(a-b)(a-b)(a-b)(a-b)(a-b)(a-b) = \cdots\cdots$$

之前，我们已经计算过$(a-b)^2$，也就是$(a-b)(a-b)$。如果你回过头仔细去看看，就会发现我们也计算过$(a+b)^2$，也就是$(a+b)(a+b)$。但数学中最精明的技巧是让$(a-b)$乘$(a+b)$。

$$\begin{aligned}(a+b)(a-b) &= a(a-b)+b(a-b) \\ &= a^2-ab+ba-b^2 \\ &= a^2-b^2\end{aligned}$$

没错，$-ab$和ab相互抵消了。因此我们就得到：

这个简短的结果十分有用，所以要用热点指南符号标记出来。如果你不相信代数，就去读一读《数字——破解万物的钥匙》这本书，它会告诉你如何运用计算模板，证明这些等式总是

正确的。

纯理论数学家们将这个极其美好的表达式的运算分为以下几个步骤。

两个数的平方差是用这两个数的和乘以这两个数的差。

意思是说：

▶ "平方差"就是一个数的平方减去另一个数的平方，即 $a^2 - b^2$；

▶ "和"就是两数相加，即 $(a+b)$；

▶ "差"就是两数相减，即 $(a-b)$；

▶ 如果将和与差相乘，就得到 $(a+b)(a-b)$。

这是谁的咖啡？

不知道。

下面这个例子告诉我们如何巧妙地使用这个方程式。

假设你想知道 98^2 的值，你真的需要计算 98×98 吗？不用，因为你可以运用一个简单的办法。我们都知道 $100^2 = 10000$，显然，98^2 比 10000 要小一点儿。那么，你需要从 100^2 中减去多少，才能得到 98^2 呢？

在这里你就需要计算出它们的"平方差"，即 $(100+98)$ 乘 $(100-98)$，结果为 $198 \times 2 = 396$。

现在，你要做的只剩下计算出$98^2 = 10000 - 396 = 9604$。这就是最终的结果。

那么203^2等于几呢？200^2很容易算出，就是40000。显然 203^2 比40000大一点儿。它们的平方差为（$203 + 200$）（$203 - 200$）$= 403 \times 3 = 1209$。因此，$203^2 = 40000 + 1209 = 41209$。

该离开了

就这些了。我们已经看到了所有被展示出来的奇怪的东西，而且没时间再等那杯咖啡了。因此，该朝门外走了。我们唯一没有发现的是，为什么纯理论数学家们会对着下面这个表达式发笑呢？

$$\frac{(b+a)(2b-a)(a-b)^2}{(b-a)(b^2-a^2)(2b-a)} - 1$$

没错，他们还在笑。是什么东西这么有意思呢？

好吧，离开之前，让我们再轻松地走一圈，看看能否发现他

们感到好笑的地方。

不，我们才不会那么做呢。因为我们知道，要是把那么多括号相乘，会发生什么可怕的事情。事实上，在计算这个表达式的时候还可以使用另一个技巧。

✗ 不要将括号内的项乘出来，除非你必须这么做。（或者除非你真的想这么做，当然，一些人很喜欢做这样的事儿。）

在进行复杂运算之前，我们往往会先去掉括号。现在，让我们先看看，是否有哪些项能消掉……发现了什么呢？分子上有一个（$2b - a$），分母上也有一个，因此我们可以把它们消掉。为什么不呢？

如果有一个分数为 $\dfrac{15f}{5}$，我们会将分子和分母同时除以5，得到 $\dfrac{3f}{1}$，即3f。如果是 $\dfrac{a}{8ab}$，就会把它变为 $\dfrac{1}{8b}$。即使有括号也不会更难，只是要当心括号中的各项必须完全一致。

$$\frac{(c + 2d)}{c + 2d} = 1 \quad \text{或者} \quad \frac{7(m - p)}{8(m - p)} = \frac{7}{8}$$

$$\text{或者} = \frac{(r - s)(r + s)}{(r + s)(r - 2s)} = \frac{(r - s)}{(r - 2s)}$$

看一看最后一个方程，我们可以消掉分子和分母上的（$r + s$），但却不能消掉（$r - s$）和（$r - 2s$），原因在于它们两个并不完全相同。

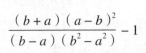

你已经消掉了（$2b-a$），太好了！

现在看起来轻松点儿了，但这并不好笑，究竟是什么好笑呢？目前，所有括号中的内容都各不相同，但如果我们把（b^2-a^2）拆开，会发生什么呢？由于这是一个平方差，所以可以把它写成（$b+a$）（$b-a$），让我们把它代进去，就变成：

$$\frac{(b+a)(a-b)^2}{(b-a)(b+a)(b-a)} - 1$$

现在，分子和分母上都有（$b+a$），它们可以消掉，变成：

$$\frac{(a-b)^2}{(b-a)(b-a)} - 1$$

这样看起来更好了！接下来，我们该怎么做呢？

快完成了！

好激动呀！

比起数到100万，这个更有意思。

我

如果我们能将两个括号里的（$b-a$）掉换顺序，那么它们就都变成了（$a-b$），这样不是很好吗？

继续下去！别忘了改变括号外的符号！

她说得很对。让我们来看分母，如果我们从 $(b-a)(b-a)$ 开始，改变第一个括号里字母的顺序，就要在括号外加一个负号，变成 $-(a-b)(b-a)$。让我们试一试，将分子上的 $(a-b)^2$ 写成 $(a-b)(a-b)$：

$$\frac{(a-b)(a-b)}{-(a-b)(b-a)} - 1$$

我们可以消掉分子分母上的 $(a-b)$，太棒了！

$$\frac{(a-b)}{-(b-a)} - 1$$

等等，看看分母上是什么！是 $-(b-a)$，它与 $(a-b)$……

$$\frac{(a-b)}{(a-b)} - 1$$

然后全部项都消掉，得到 $1-1$。

现在你知道这个笑话了吧？

你们曾经问过是什么这么有趣。

我们说"什么都没有"！

当然等于0啦！

在"经典数学"实验室里，又一个愉快的一天要结束了，我们也该悄悄地离开这里回去了。如果你并没有完全理解这一章里的内容，至少要好好想想另一件比较奇怪的事情：为什么你还拿着一个装着半杯凉咖啡的塑料杯呢？就像你看到的那样，要想成为纯理论数学家，你必须得是一个特殊的人，同时你也不得不承认，他们都活得很开心。如果地球上的每个人都能像他们一样开心，或许它会成为一个更好的星球，谁知道呢。

银行的钟

城市：芝加哥，伊利诺斯州，美国
地点：市政公园
日期：1928年10月5日
时间：下午6:32（44秒）

太阳告别了这一天，坠入地平线以下，提奥巴尔特屠夫纪念喷泉突然喷出水来，而后停了下来。27个大型喷嘴慢慢停止喷水，只剩下几滴孤独的水滴，打破这里的宁静。

"哇！"一群人齐声喊道，声音轻微而深沉，"真的发生了！"

一只鸽子，满脸疑惑地停息在提奥巴尔特石像的大号上，俯瞰四周，想要找到这声音是从哪里传来的。公园里寂寥无人，只有灌木丛旁的一个长椅上，一张巨大的报纸敞开着。报纸下面，伸出了14条穿着裤子的腿。

"布雷德，给我们讲讲。"报纸背后，传来威赛尔的声音。"喷泉不喷水，怎么就能有助于我们抢劫城市银行呢？"

"是啊。"电锯手查理说，"为什么我们不需要枪呢？你只说要带上袋子和手电筒。"

"闭嘴！"布雷德嘘了一声。他把自己那端的报纸放低，紧张地望了望四周，看到那只鸽子飞了下来，想看看这个人是否会在长椅下面扔一些可以吃的东西。"鸟儿，你好啊，嘘！"

鸽子抬起头，惊讶地发现自己正对着笑面虎加百利的左轮手枪，拿枪人却面带微笑。

"这是你应得的，"笑面虎加百利慢吞吞地说，"筑你的鸟窝或者下蛋去吧。我们这是一场私人的商务会议。"

鸽子毫不迟疑，立即飞回到提奥巴尔特石像的大号上。对它而言，这个晚上的开端真是令鸽失望。

"好啦，布雷德。"威赛尔说，他放下手中的报纸，"我们还是想知道关于抢银行的事儿。"

"是这样的……"布雷德说，"要知道，喷泉和银行在同一条电路上。"

"所以，喷泉停电的时候，银行也会停电？"

"就是这意思。"布雷德说，"一旦银行停电，需要两分钟才能恢复电力供应。现在我们来对一下时间。"

"目前已经过去了23秒。"一个瘦男人说，手上戴着一只大大的手表。

"太好了！"电锯手查理激动得快说不出话来了，"你的意思是，银行会停电两分钟？"

"太棒了。"吉米咯咯地笑起来。

"想象一下，在整整两分钟的时间里，银行都没有警报系

统……"

"不仅如此。"布雷德说，"如果晚上停电，又没有其他光线，这两分钟的时间里，7位聪明的小伙子拿着手电筒和袋子，可以冲进去，快速抱走那个装满钱的绿色袋子！银行的人会惊慌失措，而我们已经将所有的钱都打包好了。伙计们，你们说怎么样？"

"布雷德，你真是个天才！"大胖子波基说。

"没什么，谢谢你，小弟。"布雷德说，努力让自己不脸红，而其他人都点头赞同。"不过，这只是我们的秘密，对不对？你们发誓绝不告诉任何其他活着的人。"

"我们发誓绝不告诉任何其他活着的人，说你是个天才。"他们庄严地宣誓。

"为什么电路会短路呢？"电锯手查理问。

"这与城市银行的钟有关。"布雷德回答道。

"银行的钟怎么会让电路短路呢？"电锯手查理继续问。

"别强迫我回答涉及技术性的问题。"布雷德答道，"你们这群人的脑子还无法理解这个层面的东西。"

"让我们试试呗。"其他6个人说。

"嗯……"布雷德挣扎着说道，"那个钟有一根长针，一根短针，对吧？就是那根短针让电路短路的。很显然，这就是人们为什么叫它短针的原因。"

"但我还是不明白……"

"闭嘴！有人来了！"布雷德怒气冲冲地说，迅速把报纸拿起来挡在他们的面前。

十分肯定的是，一位穿着高跟鞋的女士，踏着优雅的步伐正向他们走来。是一位女秘书在夜晚散步吗？或许，她的手里还拿着一块松饼，从上面掉下来一些碎屑。鸽子看见之后从大号上跳了下来，昂首阔步，满怀希望地朝那位女士走去。

"滚开!"女士怒气冲冲地说,声音冷漠,"否则我就缝住你的嘴,你这个小破东西。"

鸽子在这个公园已经生活了3年,还是不知道何时要滚开。于是,这位女士很识相地自己走开了。对于鸽子们而言,这个夜晚

的状况并没有向好的方向转变。女士朝着报纸的方向走去,不一会儿便停了下来。

"你好啊,布雷德。"

"女士,你认错人了。"从报纸背后传来一个声音。

"布雷德,你还拿着上周二的报纸。"

报纸缓慢地向下降,7个男人尴尬地看着这位女士,她身穿粉色紧身大衣,脚蹬高跟鞋。

"布雷德,你在做什么呢?"多莉气冲冲地说,"我告诉过你,让你在太阳下山前远离这些讨厌的家伙。"

"我们刚才正在检查布雷德的计划是否可行。"电锯手查理说道。

"谁的计划?"女士问,声音冷漠,"布雷德什么时候有一个计划了?"

"嘿!"布雷德说,"是我想出拿袋子装钱的主意的。多莉提供了其他所有的细节。"

"多莉,我们怎么知道另一条电路何时被切断呢?"威赛尔

问道。

"你们为什么不问布雷德呢？"多莉嘲笑道，"这不是他的计划吗？"

"下次喷泉停止喷水的时候。"

"那是什么时候？"

"嗯，嗯，是……"布雷德只记得他什么时候挨打的。

"钟塔上有两条电线，"多莉解释道，"我肯定，一条电线固定在时针上，另一条电线固定在分针上。当分针与时针重叠在一起的时候，两条电线相接触，就会发生短路。"

7个人一起抬头看了看钟。很明显，当分针与时针重叠在一起的时候，喷泉会停止喷水。

"所以，只要分针和时针重叠，你们就有两分钟时间，直到电路恢复。"多莉说，"现在快到6:35了，下次分针时针重叠时，天就黑了。所以，我建议你们到银行那边去，作好准备。你们不希望浪费拿现金的每一秒吧！"

"不会，夫人。"他们齐声说。

"一会儿，我会在卢齐餐厅与你们碰面，进行分赃。"多莉说着，转身离开了。"这次可别搞砸了。"说着，她头也不回地走了。

"两分钟内必须搞定。"成员们边说边对表，"电力会在两分钟之后恢复的。"

"为什么喷泉不喷水了呢？"威赛尔问。

"嘿，听着！"电锯手查理说，他刚过去检查过喷泉，"我能听见水泵在抽水。如果你把耳朵凑到喷水孔上，就会听见水重新回到管道里去的声音！"

笑面虎加百利面带笑容，他也把耳朵凑到喷泉上去听。

"这声音就像波基吃完一顿有九道菜的晚餐后，肠道蠕动的声音！"笑面虎加百利大笑起来，"大伙儿都过来听听。"

鸽子站在提奥巴尔特石像的大号上俯视着，疑惑地看着这几个人全都冲上前去，把耳朵凑在喷泉的喷水孔上。当水突然喷出时，它觉得今晚不再是一个糟糕的夜晚。

地点：城市银行外
时间：晚上7:00

7个人全都"随意"地靠着同一根路灯杆，假装阅读同一份报纸。他们的脚下已经形成了一个小水池，并慢慢地向人行道蔓延开去。

"布雷德，天好像黑了。"大胖子波基说。

"那是因为太阳落山了。"布雷德说。

"就像我计划的那样。"

"我们还要等多久呀？"笑面虎加百利问，"我想回家换一件干净的衣服。喷泉里的水又臭又冷。"

"我们要等到时针和分针重叠的时候。"布雷德说。

"那会是多久呀？"笑面虎加百利问。

"现在是7点。"布雷德说，"所以时针在7上，分针在12上。问题是，分针走到7需要多长时间呢？"

"35分钟。"成员们回答。

"我们要再等35分钟吗？"电锯手查理哆嗦了一下，"穿着湿漉漉的衣服好冷啊。"

"我也是。"只有一根手指的吉米说，"我不想感冒，不想生冻疮，不想变成冰柱，不想一无所获……"

"打起精神来！"布雷德说，"很快你们就会变得很富有了，可以用50元钱点火玩儿。这难道不值得再等上35分钟吗？"

"或许吧。"他们低声嘟哝。

地点：仍然在城市银行外
时间：晚上7:30

街灯发出刺眼的光，报纸开始颤抖。

"不会拿稳点儿吗？"大胖子波基说，"我正在看今天的食谱呢。"

"我撑不住了，"威赛尔浑身颤抖，"我抖得袜子都掉了。我们要等多久才能等到停电呢？"

"现在是7点半，"布雷德说，"再等5分钟，分针就会走到7，与时针相重叠。"

"但是……你看！"电锯手查理倒抽了一口气，"看时针，它不在7上了。它向前移动了。"

报纸掉到了地上。

"从来没有想到会这样，你呢，布雷德？"笑面虎加百利嘟哝了一句，牙齿上下打战。"分针移动时，时针也向前移动了一

点儿。"

"那么？"布雷德紧紧抱住双臂，跺着脚说，"我们得再等一会儿，等到分针赶上时针。"

"准确点儿说，还需要多长时间呢？"威赛尔恳求道。

"我知道了。"南波斯说，"时针从7走到8需要1个小时，对吧？"

"是啊。"他们说。

"现在是7点半。"南波斯接着说，"因此，时针正好在7和8中间，而分针也要移动到7和8中间，这还需要两分半钟的时间。那么，从现在起，总共需要7分半钟。"

"我觉得我坚持不了那么久。"电锯手查理说。

"我也是。"吉米说。

"伙计们，打起精神来。"布雷德努力让自己的声音变得洪亮，"7分半钟之后，就有一大堆财富等着我们呢！"

"比7分半钟要长。"南波斯说。

"什么？"其他人全都倒抽了一口凉气。

"如果分针再移动7分半钟，时针也要向前移动一点点。要是分针移动同样一点点，时针又会向前移动更小的距离。要是分针向前移动同样更小的一段距离，时针还会向前移动更小的距离。"

"因此，当分针到达时针之前的位置时，时针已经向前移动到别的位置了。"威赛尔说，"依我看，分针永远赶不上时针。"

"天哪，不是吧。"他们异口同声地说。

"不是这样的。"布雷德说，但是太晚了。其他人已经迅速离开，朝上主干道上温暖的灯光和诱人的香气奔去。只留下布雷德一个人，盯着那座钟。

"当分针到达时针的位置时，时针已经向前移动了。"他轻声地说，"伙计们，你们应该把这个道理告诉这些银行，它们一定知道如何设计出一款聪明的钟。"

布雷德将双手深深地插进口袋，急忙跟在同伙的身后。

地点：卢齐餐厅，上主干道
时间：晚上7:34

"我不相信！"多莉嚷嚷道，"时针和分针永远不会重叠是什么意思？"

这7个男人浑身颤抖，围坐在桌旁，试着重新解释一番。

"你看啊，每当分针走到时针原来的位置时……"

"时针就向前移动一点点……"

"因此，分针也要向前移动一点……"

"同时，时针还要再向前移动一点点……"

"赐予我力量吧！"多莉大喊一声。

卢齐赶紧从柜台后面走出来。

"对不起，多莉小姐，"他赶忙道歉，"我不知道您已经准备好点餐了。"

"是的，我已经选好了。"多莉说，"我想要一杯维诺布朗多。"

"您呢，先生？"卢齐问。

"我想要一些热的东西。"威赛尔颤抖地说，"你们这里最

热的。"

"你想喝热的？"卢齐问，"好吧，小伙子！今天能给你提供热的。我们这有许多汤，但这些汤可能太烫了。"

"太烫了是什么意思？"电锯手查理问。

"是麻辣龙虾汤。"卢齐解释道，"只是本尼忘了捞龙虾。所以，相信我，这汤很烫。"

"去拿吧。"笑面虎加百利说，"全都端上来，快点儿。"

卢齐赶紧去拿。

"瞧瞧，你们这群笨蛋。"多莉说，"想象一下，钟显示为7点，对吧？"

"是。"

"然后显示8点。"

"嗯。"

"分针怎么可能永远不能和时针重叠呢？"

"嗯……"

"你们这群傻子。"多莉骂道，"它们当然会重叠了。"

"好吧，就算它们重叠，"布雷德说，"那到底是什么时候呢？"

这是我们的秘密武器——代数的另一项工作。

让我们从7点钟时，时针和分针的位置开始说起吧。

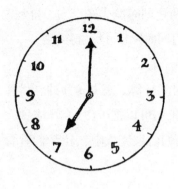

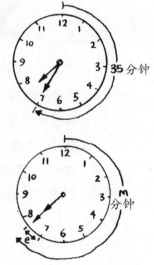

当我们解决表盘上移动的指针问题时，其关键在于指针移动的距离。测量距离最简单的方式是用"分"来计算。因此，如果一根指针旋转一周，其距离就为"60分"。显然，分针很快就能移动1分的距离，而现在，我们要忽略这一点。

我们需要解决的问题是——分针走多少时间才能与时针重叠？我们把它称作m。

我们可以把分针走的路程分成两部分。

▶ 首先，分针要从12移动到7，移动距离为35分。

▶ 然后分针还要多移动一点点距离。这段距离为，当分针总共移动m分钟后，时针向前移动的距离。我们称这段额外的距离为e。

将这两段距离相加，就得到$m = 35 + e$。

现在需要做的就是算出e。如果你想明白了，就能轻松地算出结果。

在12小时里，分针转了12圈，时针转了1圈。这意味着，时针移动的距离是分针移动距离的$\frac{m}{12}$。因此，当分针移动m分钟的距离时，时针的移动距离为$\frac{m}{12}$，也就是说，$e = \frac{m}{12}$。

让我们回到布雷德的问题。我们已经得到：

$m = 35 + e$，$e = \frac{m}{12}$，所以：

$m = 35 + \frac{m}{12}$

其中只有一个未知项，可以解决它。首先，将每一项都乘12，得到：

$12m = 420 + m$。　　　然后两边同时减去一个 m，得到：

$11m = 420$。　　　接着，两边同时除以 11，得到：

$m = 38.182$ 分钟。

记住，m 是分针移动的距离。以时间计算，就是 m 分钟。尽管 38.182分钟是一个很有趣的时间，但我们可以把0.182换算成秒，得到 $0.182 \times 60 =$ 约11秒，太酷了！我们已经完成啦！让我们看看最后的结果……

银行的钟上的指针需要指在7点38分11秒上。

卢齐把一大杯维诺布朗多放在多莉面前。

"这是您的酒，夫人。"卢齐说，"本尼马上把汤端过来。"

多莉端起酒杯。"敬一无所有。"便咕咚咕咚地喝了下去，"难以相信，停电时，你们这群笨蛋不在银行里。"

"我还是不知道指针何时重叠，如何重叠。"威赛尔说。

"是啊。"电锯手查理说，"我们都知道，断电的事情永远不可能发生。"

"当然会发生了。"多莉从椅子上下来，走到卢齐家墙上的钟下面，说，"看，现在是7：38。难道你们觉得时针和分针现在离得不近吗？"

"汤来啦，先生们！"服务员本尼大喊一声，端着一大碗冒着绿色蒸汽的汤，艰难地朝他们走来。

"我告诉你们，"多莉说，"现在，很快，连接着银行、喷泉和其他地方的电路会断掉，别说我没有……"

就在本尼的脚碰到多莉的椅子时，整个饭馆一片漆黑。7个人大声尖叫，声音冲向云霄，两加仑滚烫的麻辣汤洒得到处都是。

"警告过你们！"

斧头、图表与"爱堡" 飞行物

如果你想晚上去海上棕池转转,这儿有一份简易的地图,上面标明了5处主要景点。

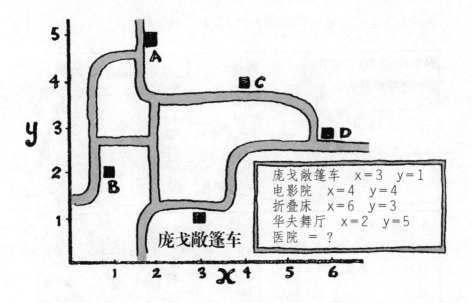

庞戈敞篷车

庞戈敞篷车　x = 3　y = 1
电影院　x = 4　y = 4
折叠床　x = 6　y = 3
华夫舞厅　x = 2　y = 5
医院　= ?

在这张简易地图的底部有一条横线,标为x,它的边上有一条纵线,标为y。可以看到,庞戈敞篷车位于x轴上3的正上方,与y轴上的1正对着。因此,我们可以用x = 3,y = 1来描述庞戈敞篷车在地图上的位置。

那么你找出了电影院、折叠床和华夫舞厅在地图上所对应的字母吗?不过,最重要的是,夜游棕池后,你要找出医院在地图上对应的字母是什么。

你该如何用x和y来表示医院的位置呢?

可怕的科学

电影院C，折叠床D，华夫舞厅A，医院B（$x=1$，$y=2$）。

当你使用两个字母表示地图上的某个地方时，它们被称为这个地方的坐标。在数学中，底部的横线x被称为x轴，边上的纵线y被称为y轴。当你把它们放在一起时，就得到了两个轴。对于斧头帮的数学老师来说，坐标曾经给他带来了相当不幸的意外。

124

为了安全起见，在坐标上进行标记的时候，还是不要使用斧头这样的图形记号。

✗ 有一种记忆x轴的笨方法。想象一下，y轴把x轴击倒，x轴躺在地上，而y轴仍然站立着。躺在地上的这根轴很失落，事实上，它就是一条小小的横线。这就是x轴——一条小小的横线。

几乎所有人都知道，如何用坐标来精确地表示地图上的某个位置。不过现在，我们要把美丽的海上棕池放在一边，用一张干净整洁的格子纸来代替它。

整张格子纸被分成了一些小方格，人们因此可以轻松地确定某一点的位置，测量两点之间的距离。只要有了一组坐标，你就可以做许多令人惊奇的事情。你可以根据你想使用的数字，把两轴确定为任意长度。现在，我们甚至已经将两轴相交，这样就能得到一些负数。除此之外还有一些细节，向我们展示了坐标的作用。

▶ $x = -2$，$y = 3$中，x轴的数值前有一条小短横。当人们描述坐标图上的某个坐标时，通常不会写成"$x =$"、"$y =$"，而是把该点表示为（-2，3）。这其中的秘诀是，x的值总是在前，因为在字母表中，x在y的前面。

▶ 图上有一条直线直直地穿过了图表的底部，直线的下面还写着"$y = -3$"。如果你在这条线的任意位置上做记号，y坐标的值都会是-3。因此，这条线被称为$y = -3$。

▶ 图中还有一条对角线称为$y = x$。它听起来可能有些复杂，但事实上极其简单。它的意思是坐标图上的每一个x坐标值与y坐标值相同的点，共同组成了这条线。如果你在这条线的任意位置上进行标记，都会发现$y = x$。点（3，3）和点（-2，-2）已经为你标出来了。

▶ 坐标（3，-2）处有一个被丢掉的汉堡。

奇怪了……

是火鸡和橙子酱的味道。

如何画方程的图

数学中最奇怪的一件事情是，如果你有一个方程，其中包含两个未知数，你可以在坐标图上用一条直线来表示这个方程。最简单的方程是$y = x$，在上面的坐标图中我们已经看到了这条线。现在，我们要看一些更有趣的方程。这些方程几乎全部以"$y =$"开始，x的那一边则有一些更加复杂的内容。

让我们看一下如何画出$y = 2x - 3$这条线。

方法是列出一些使得该方程成立的x、y的值，然后将这些值标记在坐标上。这个过程叫做制点。做完这一步后，把所有的点连成一条直线。

▶ 首先，取x的一个值，然后将这个值代入方程中，得到相应的y值。你可以任意选择x的值。为了简便，我们取$x = 0$，把该值代入方程中，得到$y = 2 \times 0 - 3 = -3$。因此，当$x = 0$时，$y = -3$。

▶ 现在，你可以在坐标图上找到（0，−3），画一个小×号。

▶ 再取一些x的值，看看对应的y值是多少。最简单而有效的方法是画一个"*table*"。

哈哈哈！对不起，我们忍不住开了一个玩笑。（在英文中，"*table*"有桌子的意思，也有表格的意思。）问题是，那些讨厌的艺术家们需要一些时间才能停止大笑，擦擦他的眼睛，然后重新安静下来。李维斯先生，你准备好了吗？

准备好了，咯咯咯……

如前所述，下面是一张$y = 2x - 3$的表格，x的取值从-2到$+3$，这样就得到一系列的点，将这些点标在坐标图上。

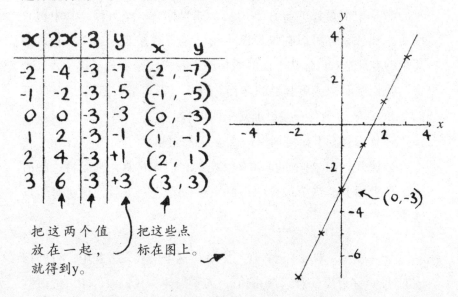

把这两个值放在一起，就得到y。

把这些点标在图上。

当你把所有点都连起来后，就会得到一条直线，这条直线则代表了$y = 2x - 3$。它的优点是，你在这条直线上任取一点，都会得到$y = 2x - 3$。例如，看这条直线与x轴相交的点，它的坐标为$\left(1\frac{1}{2}, 0\right)$。那么，$x = 1\frac{1}{2}$，$y = 0$一定能使$y = 2x - 3$成立。如果你愿意检验一下，会发现该方程的确成立。

现在，我们将这个方程进行拆分，看一下这两个不同的部分是如何对制图产生影响的。

▶ 斜率是指直线的陡峭程度。

▶ y的截距是指直线与y轴相交时，它在y轴上的点（即$x = 0$时，y的值）。

斜 率

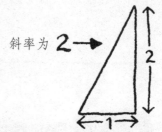

斜率为 **2** →

$$斜率 = \frac{垂直距离}{水平距离}$$

方程中x的系数能告诉你，它在坐标图中所形成的直线的斜率是多少。对于$y = 2x - 3$这条直线而言，斜率就是$+2$。这意味着，这条线每向前移动一步，它就要上升两步。下面是一些不同斜率的直线。

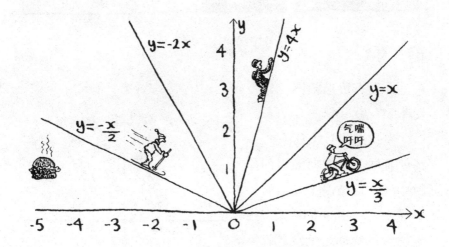

▶ 最陡的线是$y = 4x$，因为4是这里面最大的数字。

▶ $y = \dfrac{x}{3}$的斜率为$\dfrac{1}{3}$，是这里面最小的斜率。从图上看，这个斜度并不怎么陡，但却是你能在现实的公路上找到的最陡的坡了。如果骑着自行车，你需要下车，推着它前行。

▶ 你还会看到两条向下倾斜，而不是向上倾斜的线，这两条线的斜率前均有一个负号。

▶ 在（-5，1）这一点上，有一个被遗弃的猪肝洋葱口味的汉堡。

更奇怪了！

截 距

看看右边这幅图，你会发现每条直线所对应的方程。

你找出为什么所有直线都朝着同一个方向倾斜的原因了吗？这是因为它们的斜率都是 +2。所不同的是方程末尾的常量，这个常量告诉我们该直线与 y 轴相交的点。例如直线 $y = 2x - 3$，它与 y 轴相交的点 $y = -3$，因为在这个方程中，当 $x = 0$ 时，y 的值为 -3。

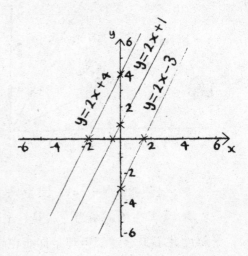

如何在坐标图上同时画出两个方程

哎！所有的斜率和事情都急需处理，我们还是扔掉所有的味觉，到庞戈的豪华汉堡吧去找一下庞戈。他这会儿好像很忙，不如我们先看一下广告牌，看看茶和咖啡的价格是多少呢？

天哪！价格被一个遗弃的腌鲱鱼南瓜口味的汉堡盖住了，我们得把它们算出来。设 y 为一杯茶的价格，x 为一杯咖啡的价格。现在，我们去问一下那些心满意足的顾客们，他们花了多少钱。

啊哈！我们可以把这些数据写成两个方程。首先，我们写出 $y + x = 70$。为了在图上画出该直线，我们需要把 y 单独放在等号的一边，写成"$y =$"的形式。调整后得到 $y = 70 - x$。这个方程有两个未知数，所以我们不能通过该方程本身得到答案。不过幸运的

是，第二位顾客给我们提供了另一个方程，即$2y = x + 20$。如果我们将方程两边同时除以2，就得到$y = \dfrac{x}{2} + 10$。

现在，我们得到两个含有两个未知数的方程，这两个方程被称为联立方程。有很多途径可以解出这个方程的答案。你还会在"双重危机"一章中找到其他方法。但现在，我们要看一个有趣的方法。我们需要做的就是在同一张坐标图上画出这两条线。

可以看到，这两条线在（40，30）处相交，因此，当$x = 40$时，$y = 30$。就在这一点上，x和y的值使得两个方程同时成立，令人惊奇的是，我们也找到了答案。一杯咖啡的价格为40便士，一杯茶的价格为30便士。我们可以拿这个答案和顾客告诉我们的答案核对一下。

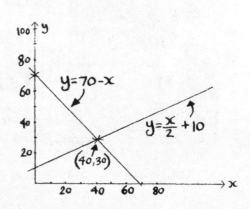

发生了什么事？

作好准备，去面对一个可怕的事实吧。庞戈似乎太想提高服务技术了，所以就在他的敞篷车那里忙里忙外，决心发明一种"爱堡"。这个汉堡会十分美味，极其可爱的维罗妮卡只要咬一小口这个汉堡，就会被打动，然后倒在庞戈的怀抱中。那些永远都支持庞戈的朋友们正等着试吃他的实验结果呢。

可惜，庞戈还没将这美味完成，你就要欣赏大黄豆芽汉堡正好掉进垃圾桶里的场景。神奇的是，你还可以用一个方程，画出

汉堡落入垃圾桶里的路线。（用一个高级的词汇来命名汉堡的路线，就是抛物线。）

当你像扔庞戈汉堡那样扔一个物体时，物体会先向上运动，然后再向下运动。地球引力使得它飞行的路线呈一条曲线，人们称其为抛物线。不过，由于空气阻力，这条曲线并不是一条精确的抛物线。但庞戈的汉堡实在是太结实了，连空气阻力都对它产生不了什么影响。表示抛物线的最简单的方程是$y = x^2$。

如果方程中只有一个简单的x，你就可以在图上画出这条直线。但如果方程中有一个乘方，比如x^2，你将会得到一条曲线，画图会因此变得很有意思。让我们列一张$y = x^2$的列表，看看我们能得到什么：

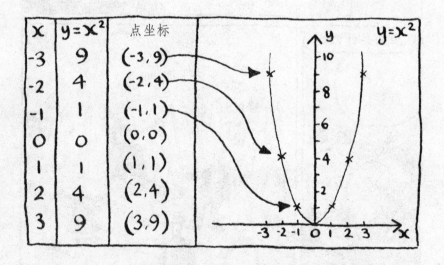

当你得到足够多的点以后，发挥你所有的艺术才能，把这些点尽可能地连接成一条均匀的曲线。你会发现，这条曲线将呈现出一个漂亮的U形。

但我扔那个汉堡时，它先向上飞，再向下落，而不是先下后上。

说的没错。尽管这条曲线的形状是没错，但我们要稍微调整一下这个方程。如果把方程变成$y = -x^2$，我们将得到一条形状相同曲线，但是这条曲线的开口向下。

不过，很遗憾，x轴与抛物线的顶端相切。

没关系，我们可以在方程中加入一个常量，移动x轴。

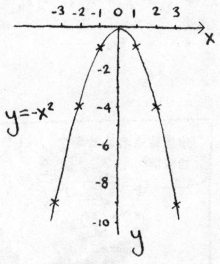

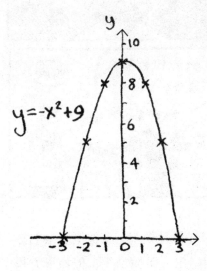

在这里，我们加入常量+9，使等式变为$y = -x^2 + 9$。现在再来看看曲线是如何向上移动的。

啊哈！眼下，小伙子们正在品尝不同口味的"爱堡"。我们可以通过一些特别的方程，了解在每一个汉堡上发生的事情。

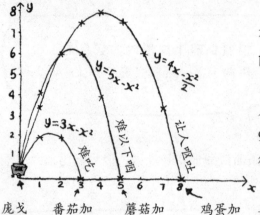

庞戈   番茄加   蘑菇加   鸡蛋加
敞篷车   胡椒薄荷   蛋奶沙司   熏衣草

所有这些方程中都有x^2这一项，确保我们能够得到一条抛物线。

我们在方程中加入一个x项，而不是像+9这样的常量，这就使得所有的抛物线都通过（0，0）点，这个点就是庞戈敞篷车停靠的地方。现在是作出决定的时刻了。

既然庞戈得到了答案，让我们赶紧看看图上其他更复杂的方程吧。我们已经知道，x^2能让我们画出一条抛物线，但如果方程是$y = x^3$，你就会得到一个双曲线，呈现出漂亮的S形。

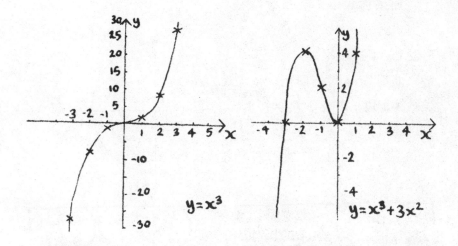

$$y = x^3$$

$$y = x^3 + 3x^2$$

如果你有一个方程为$y = x^3 + 3x^2$，你就会得到一条波浪形的曲线。

$y = \dfrac{1}{x}$是一个奇怪的方程，因为你会得到两条曲线，它们与两轴都不相交。你看不到当$x = 0$时，y的值。实际上，y的值或者恒为正数，或者恒为无限负数。啊！这就是数学变得如此可怕的时刻，此时，它可以摧毁宇宙的结构，我们该如何避免这样的事情发生呢？

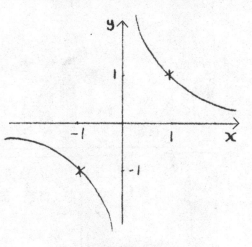

哈！看，这是第5条，也是最后一条规则。

5.绝不能除以0。

如果你想以一种麻烦的方式画一个圆，你可以通过绘制 $x^2 + y^2 = 1$ 来得到。

此时，让我们回到庞戈敞篷车边，揭晓答案的时刻已经到了。

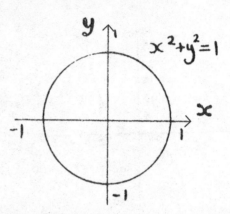

现在，我们已经来到本章最后一幅图表：

你会发现，爱堡方程中没有x^2这一项。这是因为，维罗妮卡勃然大怒的时候力量很强大，足以扰乱地球引力，使汉堡直接飞到太空中。

抛物线

有一个奇怪的想法：汽车的前灯、秘密窃听器、无线电望远镜和飞行的汉堡之间有什么相同之处呢？答案就是抛物线。我们已经看到，地球引力是如何让物体呈抛物线飞行的，不过看看下面这个：

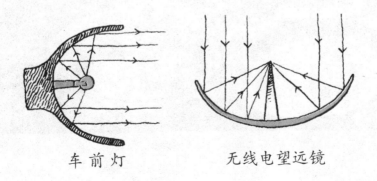

车前灯　　　　　　无线电望远镜

抛物线中心有一个特殊的位置，叫做"焦点"。如果你正站在一个巨大的抛物线的焦点上，可以根据自己的喜好，把一个球抛到抛物线的任何部位。无论如何，这个球都会被直接弹出开口端。这就是汽车的前灯和大型聚光灯会使用这种抛物线形状的反射器，并把灯泡装在焦点上的原因。灯泡发射出的每一束光都打在反射器上，然后以相同的方向射出，这样你就能得到一束漂亮的光。

秘密窃听器的工作原理与此相反，因为它有一个抛物线形的盘，焦点上有一个麦克风。如果你在远处把它对着某人，这个盘状物就会收集来自这个方向的声音，然后把它反射到焦点上。之后，麦克风就能接收你想要的声音和其他细微的杂音。

无线电望远镜的工作原理和秘密窃听器的工作原理一样。当它正对着太空中的任何物体时，盘状物就会尽可能收集更多的信息，同时忽略其他别的东西。让我们看一下无线电望远镜是怎么工作的吧。

双重危机

如果你碰到一个方程，里面只有一个未知数，通常你可以很轻松地解决它。如果碰到的方程中含有两个未知数，你有可能会被困住。但如果你碰到的是两个方程，并且每个方程都有两个相同的未知数，你就中奖啦。这样一对方程被称为联立方程，我们曾在第132页上见过这样的方程。请搭乘海上棕池快速观光列车，来看看到底怎么回事吧。

到今天早上为止，火车已经到达快鹿并且返回，然后开往矿区，火车最终停靠在那里。所有这些路程总共为19英里。

如果我们假设火车现在的位置到快鹿的路程为 f 英里，到矿区的路程为 g 英里，就会得到一个方程：$2f + g = 19$。

可惜，这个方程没能给我们提供足够的信息，让我们算出火车终点与快鹿的距离。让我们看看昨天发生了什么事情吧。

火车往返于矿区两次，然后开往快鹿，并停靠在那里。这一趟下来，火车总共行驶了34英里。于是，我们得到另一个方程：$4g + f = 34$。

此时，我们得到两个方程，每个方程中含有相同的两个未知数。我们有两种方法解答它们。开始解答之前，我们先把这两个方程写出来，将它们分别称为A和B。

$$A: 2f + g = 19$$
$$B: 4g + f = 34$$

代 入 法

代入法是解决联立方程的最简单的方法，包括3个步骤。

▶ 调整其中一个方程，使其中一个未知数单独在等号的左边。这里我们调整方程A，得到$g = 19 - 2f$。

▶ 将它代入并替换另一个方程中的这个未知数。我们把方程B中的g替换成（$19 - 2f$），得到$4（19 - 2f）+ f = 34$。现在只剩下一个未知数，我们完全可以解出来了。

打开括号：$\qquad 4 \times 19 - 4 \times 2f + f = 34$

乘系数：$\qquad 76 - 8f + f = 34$

把f项放在等号一边：$\qquad -7f = 34 - 76$

两边同时乘-1：$\qquad 7f = 42$

两边同时除以7：$\qquad f = 6$

▶ 现在，我们知道了f的值，可以把f的值代入任何一个方程中，算出g的值。如果代入方程A中，就得到$2 \times 6 + g = 19$，$12 + g = 19$，因此，$g = 19 - 12 = 7$。

$f = 6$，$g = 7$，这就是答案。你可以把这两个值代入方程B中，看看方程能否成立，以检验这两个值。

消 元 法

如果你勇气十足，可以把整个方程代入另一个方程中，消掉其中一个未知数，来求解联立方程。这需要技巧、胆量和练习。因此，首先，提醒我们自己，这两个方程是 A：$2f + g = 19$，B：$4g + f = 34$。

一个聪明的办法是，调整两个方程，使这两个方程相加时，其中一个未知数能够消掉。在这个例子中，我们准备消掉未知数 g。因此，我们将方程 A 两边每项都乘 4，方程 B 两边每项都乘 -1。（别担心，很快，一切就都清晰明了了。）

$A \times 4$：$8f + 4g = 76$

$B \times (-1)$：$-4g - f = -34$

可以看到，我们在上面的方程中得到 $+4g$，在下面的方程中得到 $-4g$。现在，我们可以将两个方程相加——等号左边相加，等号右边相加。

得到：$8f + 4g - 4g - f = 76 - 34$

接着得到：$7f = 42$

于是：$f = 6$

和前面一样，一旦我们算出了一个未知数的值，就可以把它代入方程 A 或方程 B 中，接着算出另一个未知数的值。

这样，我们就得到，火车到矿区的路程为 7 英里，到快鹿的路程为 6 英里。

这就是解决联立方程的两个方法。

这种说法不完全正确。别忘了，在第132页，我们通过坐标图找到了另一个解决联立方程的方法。

快鹿花销声明

快鹿公报
潮水拒绝上岸

前往快鹿海岸的游客们已经被告知，他们会看到大海"停"在非常远的地方。

很显然，扑克河从许多我们钟爱的工厂那里，携带了大量有毒淤泥流到沙滩上。现在，潮水拒绝上岸，拒绝把这些有毒淤泥冲走。

"大海太傻了。"市议员贝赞尔先生昨日称，"我愿意向市民保证，这黑色的水中有三眼鱼，还有会说话的海藻，在这样的水里游泳十分安全。"

市议员贝赞尔先生："我去黑色的水里游泳了，它对我没造成任何伤害。"

散发着恶臭的快鹿镇正面临着严重的危机。如果游客们不愿意在小镇消费，那么，市议员们就要减少在重要项目上的开销，比如购买大型豪华汽车，装扮富丽堂皇的外国节日等等。显然必须采取行动。因此，委员会决定组织一次寻找事实真相的紧急任务行动。

可是，只有100名市议员来完成所有重要的工作，于是，他们必须分成3组。

▶ 第一组市议员将要花费一下午的时间，坐上开往海上棕池的观光列车，调查海岸的情况，看看有多少有毒淤泥被倾倒在沙滩上。

▶ 第二组市议员将在高端酒店拜访工厂的所有者，并安排了一顿拥有八道菜的晚宴，用于调查事实，晚宴还有卡巴莱表演和舞蹈。

▶ 第三组市议员必须去检查有毒淤泥有没有扩散到全世界。因此，他们必须带上家人和秘书，搭乘私人飞机，飞往夏威夷，并在夏威夷独一无二的海岸胜地居住1个月，检查是否有有毒废物被冲刷到海岸上。

显然，这些出行是要花钱的。因此，快鹿镇的纳税人需要知道每组市议员的花费究竟是多少钱。

哈！这些市议员们认为他们可以用这堆混乱的数字和字母，把每个人搞糊涂。不过在经典数学侦探的帮助下，我们会搞清楚到底发生了什么事情。

第一个方程告诉我们，市议员的总人数C为100。当这些议员被分为3组时，第一组的人数为c_1，第二组的人数为c_2，第三组的人数为c_3。注意，字母下方的小数字与实际运算无关。因此，c_2指的是第二组议员的数量，但c^2指的是$c \times c$。

现在，我们得到3个含有3个未知数的方程。在市议员们回来之前，我们应该有能力求解这些方程，找出c_1、c_2、c_3分别是多少。我们设这些方程分别为A，B，C。

$$A: c_1 + c_2 + c_3 = 100$$

$$B: c_1 = 19c_2 - c_3$$

$$C: c_3 = 21c_2 - 11c_1$$

调整方程A，得到$c_1 = 100 - c_2 - c_3$

这时，我们可以把c_1的值代入等式B中，得到：$100 - c_2 - c_3 = 19c_2 - c_3$。

真幸运！方程两边都有$-c_3$，所以我们可以消掉这一项，只剩下$100 - c_2 = 19c_2$，很快得到$20c_2 = 100$。如果两边同时除以20，就得到$c_2 = 5$，这意味着，有5名议员正在参加寻找事实真相的晚宴。

同时，我们的调查继续进行。

如果我们将方程A中的c_2替换成5，就得到：　$c_1 + 5 + c_3 = 100$

将该方程进行整理，设整理后的方程为D：　$c_1 + c_3 = 95$

如果将方程C中的c_2替换成5，就得到：　　$c_3 = 21 \times 5 - 11c_1$

得到方程E：　　　　　　　　　　　　　　$c_3 = 105 - 11c_1$

此时，我们得到两个含有两个未知数的方程，这就很简单了。如果你观察一下方程D，就会将等号两边同时减去c_1，得到$c_3 = 95 - c_1$。

然后将这个表达式代入方程E中，得到：$95 - c_1 = 105 - 11c_1$

把c_1移到方程左边，得到：　　　　　$11c_1 - c_1 = 105 - 95$

　　　　　　　　　　　　　　　　　　　$10\,c_1 = 10$

最终：　　　　　　　　　　　　　　　　$c_1 = 1$

这时，我们可以宣布，坐着观光列车检查的小组只有一名市议员，他就是品克顿先生。

那么，有多少名市议员去夏威夷呢？100名市议员中，有5人去赴宴，1人乘坐观光列车，因此有94人在夏威夷。你可以用1替换方程E中的c_1，得到$c_3 = 105 - 11 \times 1$，因此，$c_3 = 105 - 11 = 94$，以此检验这个答案是否正确。

幸好，这只是一本书，现实生活中是不会发生这样的事情的——只有品克顿先生一名市议员找到了有效解决污染海岸危机的办法。

快鹿公报

游客们聚集在岸边，观看市议员舔沙滩

今日，曾经的委员会议员们由于使用纳税人的钱免费度假被抓，成千上万名兴奋的游客返回快鹿镇，观看他们如何把沙滩舔干净。

有人问新委员会委员长品克顿先生，观看前同事如此狼狈不堪的行为，他是否很享受。他开玩笑地说："我很高兴看到这个场面，这全都归功于《经典数学》。"

零数验证

干得好！你马上就到本书的结尾了。在这特别的时刻，奉上我——幽灵X——最后的礼物。

再次向你自己唱出这些美妙的旋律吧。

啦啦啦

你已经经受住考验，顺利通过那些编造出来的最困难的数学题。现在，让我们看看你是否准备好，与未知数打一场艰难的战役了。有一道非常困难的代数题被称为"零数验证"，这个证明往往在独立的沙坑中被严加看管。而这个独立的沙坑则出现在《经典数学》组织的高级高尔夫球课中。零数验证看上去很无辜，但是，如果它失去控制，就会威胁整个宇宙以及宇宙中的所有事物。

啦啦啦

再带着感情来一遍。

你面临的挑战就是找出如何解除零数验证的威胁。我将把你带进一辆特殊的轿车中，这辆轿车的玻璃是全黑的，这样你就看不到你要去的地方，而且目的地也相当秘密，就连司机都不允许看他在向哪儿走。所以，他把车撞到了14洞上的危险喷水装置上。

现在，我要冒一个巨大的风险。我要把零数验证放在本书中，但是，请你们记住，零数验证十分秘密，首先，你需要紧闭双眼来看它。你看到的就像下面这样：

然后，当你把眼睛稍稍睁开一条小缝，就会看到：

零数验证

▶ 我们挑选出任意两个相等的数，称作a和b。

▶ 如果a和b相等，就可以写成$a = b$。记住，只要我们以相同的方式对待等号两边的数字，我们就可以为所欲为。

▶ 两边同时乘a：$a^2 = ab$

▶ 两边同时减去b^2：$a^2 - b^2 = ab - b^2$

▶ 等号左边，我们得到$a^2 - b^2$，即平方差。翻回第104页才发现，我们可以把平方差写成$(a-b)(a+b)$。在等号右边，我们可以把$ab - b^2$分解成$b(a-b)$，将等式变成：$(a-b)(a+b) = b(a-b)$

▶ 两边同时除以$(a-b)$，得到：$(a+b) = b$

▶ 去掉括号，得到：$a + b = b$

▶ 两边同时减去b：$a + b - b = b - b$

▶ 因此：$a = 0$

我们并没有说a是从哪个数字开始的，因此，a可以是任意一个数。现在，我们已经证明任意一个数等于零。

这是一个相当危险的结论。如果你能证明任意一个数等于0，那么万事万物都要崩塌了。想想看，10吨坚硬的石头变成了0，100年的时间一瞬间消失，100万光年的距离缩短成了0。我们生活在一个世界，但如果你证明$1 = 0$，那么这个世界就消失了！

如果你不相信零数验证的威力，那就看看本书最后一页的底部吧。这页包含了这个致命的结论，而就连这页上的所有数字都已经变成了0。

然而，如果你认真地阅读了这本书，你就应该明白，为什么零数验证不能在这片毋庸置疑的星球上实施它的毁灭性破坏。我会给你提供两条线索……记住，这个证明以$a = b$开始，那么，（$a - b$）等于什么呢？如果你还没找到答案，就翻回本书，看看规则5！（当你找到答案时，就吹起最终胜利的号角，然后用书打自己的头一下，"嘣！"画上完美的句号。）

对于我，幽灵X而言，现在要回到黑暗中，继续与未知数战斗去了。但是，这次不同。由于你的存在，我明白自己不再是孤零零一人作战。永别了，旅途愉快。永别了，祝你们好运！

"经典科学" 系列（26册）

肚子里的恶心事儿
丑陋的虫子
显微镜下的怪物
动物惊奇
植物的咒语
臭屁的大脑
神奇的肢体碎片
身体使用手册
杀人疾病全记录
进化之谜
时间揭秘
触电惊魂
力的惊险故事
声音的魔力
神秘莫测的光
能量怪物
化学也疯狂
受苦受难的科学家
改变世界的科学实验
魔鬼头脑训练营
"末日"来临
鏖战飞行
目瞪口呆话发明
动物的狩猎绝招
恐怖的实验
致命毒药

"经典数学" 系列（12册）

要命的数学
特别要命的数学
绝望的分数
你真的会＋－×÷吗
数字——破解万物的钥匙
逃不出的怪圈——圆和其他图形
寻找你的幸运星——概率的秘密
测来测去——长度、面积和体积
数学头脑训练营
玩转几何
代数任我行
超级公式

"科学新知" 系列（17册）

破案术大全
墓室里的秘密
密码全攻略
外星人的疯狂旅行
魔术全揭秘
超级建筑
超能电脑
电影特技魔法秀
街上流行机器人
美妙的电影
我为音乐狂
巧克力秘闻
神奇的互联网
太空旅行记
消逝的恐龙
艺术家的魔法秀
不为人知的奥运故事

"自然探秘" 系列（12册）

惊险南北极
地震了！快跑！
发威的火山
愤怒的河流
绝顶探险
杀人风暴
死亡沙漠
无情的海洋
雨林深处
勇敢者大冒险
鬼怪之湖
荒野之岛

"体验课堂" 系列（4册）

体验丛林
体验沙漠
体验鲨鱼
体验宇宙

"中国特辑" 系列（1册）

谁来拯救地球